集結最強設計達人私房秘技，
絕不浪費空間的極致裝修術

1坪變2坪！

坪效
升級 設計聖經

U0021210

目　錄
CONTENTS

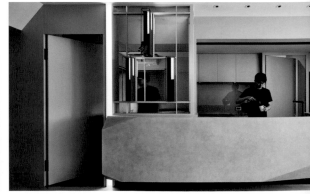

PART

2 I 坪變 2 坪！坪效升級的極致裝修術

PART

1

最強設計達人
私房坪效秘技

15坪居然能擁有適合熱炒的ㄇ字型廚房、一個中島輕食吧檯，以及可讓孩子遊戲攀岩、爸爸健身的運動區域，聽起來很不可思議，但這也代表，無關乎坪數大小，空間的使用性確實能被提升。精選最強設計達人首次公開坪效規劃私房秘技，多1、2房絕對不是問題！

iF設計金質獎　黃鈴芳　　　　彈性格局高手　利培安+利培正

TID獎　陳榮聲、林欣璇　　　　紅點設計金獎　鄭明輝

好宅設計師　陳嘉鴻　　　鄉村風高手　王思文+汪忠錠　　　一物多工國民設計師　翁振民

FUGE 馥閣設計

德國 **iF** 設計金質獎　　　　創辦人暨總監　黃鈴芳

空間重疊、活動機關共享，坪數不變也能有超高機能

屢獲國際各大獎項，甚至也拿下「設計界奧斯卡」德國 iF 設計大獎的黃鈴芳設計師，總是能抓出最適切的空間比例，讓視覺尺度放大，同時運用機能、場域重疊共享的設計概念，並加入她最擅長的活動機關設置，創造許多意想不到的功能。

DESIGNER'S PROFILE

學經歷

2009　成立 FUGE 馥閣設計

得獎

2017 德國 iF Design Award / iF 設計金質獎

2017 日本 Good Design Award 優良設計獎

2017 台灣 金點設計獎 / 年度最佳設計入圍

2017 台灣 TID Award 台灣室內設計大獎 / 居住空間類微型 TID 金獎

2017 台灣 TID Award 台灣室內設計大獎 / 居住空間類微型 TID 獎

2017 中國 40 UNDER 40 中國傑出青年 / 全國榜

2017 中國 現代裝飾國際傳媒獎 / 年度空間家居大獎

2017 台灣 亞洲設計獎 / 現代組 金獎

2017 台灣 亞洲設計獎 / 前衛組 銀獎

2018 德國 Red Dot Design Award 紅點設計大獎 / 紅點獎

2018 德國 iF Design Award / iF 設計獎

2018 台灣 Dulux 得利大中華區空間色彩獎 / 色彩趨勢獎

2018 中國 築巢獎 / 專業類金獎

坪效設計必殺絕技
4大關鍵 ➜

01 機能櫃牆設計，創造雙倍坪效

如果只是單純的隔間牆，反而是一種不必要的浪費。想要空間能
有效被利用，就得從機能的整合共享概念去思考，將牆／隔間／
櫃／拉門這些屬於立面量體的設計視為一體，電視牆、展示櫃不
但能共用深度，展示櫃的門片又同時身兼彈性隔間，空間可封閉
可開放。又或者是電視牆與電器櫃一牆二用，除了帶來收納，也
自然劃分客廳、餐廚動線。空間設計暨圖片提供_FUGE 馥閣設計

挑高住宅經常面臨空間的高低落差問題，但又無法避免行走動線的規劃，秉持只要多做就是浪費的中心思想，黃鈴芳設計師透過架高平台的規劃手法，創造出超乎想像的生活機能。平台不僅是行走廊道、串聯各個空間，也由於地面高度的垂直發展，額外增加許多豐富的儲藏，甚至刻意讓平台與床鋪高度齊平，如此一來，平台、廊道還可以是嬰兒床、孩子學爬嬉戲等多用途空間。空間設計暨圖片提供_FUGE 馥閣設計

03 思考生活畫面，讓活動機關達到輕鬆便利收

利用五金配件，讓家具或是收納可以任意的移動、隱藏，是許多小坪數住宅提高坪效的手法，不過活動機關若忽略未來使用的便利性，反而對屋主來說是一種麻煩！黃鈴芳設計師在思考平面規劃時，便帶入生活畫面的想像，例如在僅僅10坪的小宅，電器櫃內巧妙設置抽板設計，作為小廚房的檯面延伸，能暫時放置煮好的料理，抑或者是沙發推拉延展成為床鋪，棉被、枕頭完全不用收，就能把床推進架高地板底下，保留沙發的功能。空間設計暨圖片提供_FUGE 馥閣設計

04 一座小櫃子換取一房的使用機能

除非是藏書量特別多、或是屬於在家工作的SOHO族，否則獨立規劃的書房配置，很容易造成坪效的浪費，若僅是需要能簡單閱讀與使用電腦的空間，不妨利用結構落差的深度創造一面櫃牆，利用大約25公分左右的深度，搭配滑門開闔使用，就能讓書房收進櫃內，下翻式桌板也是將桌面從25公分變成50公分好書寫的平台設計，再亂也看不到、甚至不用煩惱整理的問題。空間設計暨圖片提供_FUGE 馥閣設計

坪效設計
Case Study ➡

精算空間比例，15坪有雙廚房、攀岩健身、大書牆

有著都市難得一見的庭院景觀，是打動屋主決定換屋的關鍵之一，「15坪的房子會不會住得很不舒服？」即便曾一閃而過這樣的煩惱，不過在看過黃鈴芳設計師規劃的眾多小宅案例之後，屋主全然地相信一定能獲得解決。對黃鈴芳設計師來說，坪數絕對不是問題，只要精算空間比例、做好動線配置，小宅不但能住得舒服，還可以增加連屋主都想不到的功能！

挑高4米2的15坪空間，將電視牆、樓梯、輕食吧檯徹底整合，樓梯下的畸零空間是人造石包覆的懸浮吧檯，視覺上更為輕盈俐落且通透；電視牆背面是豐富的收納牆，行走樓梯就能拿取高處櫃子物件。有趣的是，落地窗邊規劃了一處多功能空間，結合可承重90公斤的橡木吊環，既可以當作鞦韆，也能作健身使用，牆面一個個圓形開孔，除了是孩子趣味的攀岩，也方便收納男屋主的啞鈴。

更令人吃驚的是，小宅甚至還能擁有ㄇ字型廚房，與吧檯、多功能空間、露台配置在同一開放軸線上，視線全然地延伸更顯寬闊。上層睡寢區高度則是保留185公分，行走其間依舊感到舒適自在，同時利用主臥與小孩房之間的畸零空間，打造成為小孩房衣櫃，深度120公分可懸掛雙排衣物，搭配拉門設計，幼兒階段亦可延伸作為遊戲區。空間設計暨圖片提供_FUGE 馥閣設計

玄關入口利用樓層間產生的畸零深度，結合電動式升降櫃五金配件，創造出完美收納的空間。

即便坪數才15坪，但透過準確的格局比例掌控，電視牆成為屋子軸心，圍塑出自由環繞動線，也讓小宅能擁有ㄇ字型大廚房，以及中島吧檯與餐桌。

電視牆的另一側是通往二樓私領域動線，牆面整合賦予大量的儲物機能，也恰好利用樓梯的行走，提供輕鬆便利的拿取。

利用通往戶外陽台的落地窗面規劃多功能空間，架高的地面設計，成為隨興坐臥平台，也隱藏收納機能，牆面開孔除了可攀岩，還能放置啞鈴，結合橡木吊環，就是爸媽與孩子共享的運動、遊戲角落。

福研設計

一物多工國民設計師　　　　　設計總監　翁振民

空間配置、機能整併、形體美感，打造三合一的極致坪效！

DESIGNER'S PROFILE

學經歷

東海大學 建築系學士

上海飛形設計 商空組組長

境新工程設計（股） 專案設計師

合院建築 專案設計師

得獎

2008 TID Award 台灣室內設計大獎

2008 奧地利Ring-ic@ward international
　　interior design

2008 iF design award china

2009 La Ｖie雜誌 台灣100大設計力

2017 義大利A'DESIGN AWARD WINNER

坪效無關乎坪數大小，而是在於空間是否使用得「恰到好處」！翁振民設計師認為，這不僅是個數學的問題，也是個「感覺」的命題，不論是讓空間具有彈性使用的機會，或是將多種需求整併在同一個空間裡，居住者既可以感到空間的寬敞，又達到複合式使用的目的，高坪效就達標了！

坪效設計必殺絕技
5大關鍵 ➜

為滿足屋主期望在客廳和餐廳都能觀賞電視的前提下，量身訂製會旋轉的電視櫃，不僅減少了佔空間的電視牆，使公共空間更寬敞，就連電視櫃本身也集雜誌、CD的收納架功能於一身，更省去買兩台電視的錢，經濟又聰明！空間設計暨圖片提供_福研設計

02 因地架高，功能1+1>2

老屋改造後，廚房位置有所挪動，並採開放式的中島廚房設計，為維持與公共領域同樣高度的地面，利用窗邊和中島之間的位置創造架高區域，一方面作為管線走道，一方面作為景觀臥榻區。空間設計暨圖片提供_福研設計

03 善用柱體，做機能總「盒」

在考量以為開放式廚房為一家核心的訴求，「偏旁」的客廳運用柱體周圍空間，在不影響動線的前提下，創造結合三方收納功能的複合式電器櫃，一面作為冰箱和電器櫃使用，一面作為電視牆，另一面也有小儲物櫃。空間設計暨圖片提供_福研設計

04 彈性空間，功能複合不複雜

第二住宅的主要目的就是讓親友前來
時，能齊聚一堂、主客盡歡，把廚
房、餐廳、榻榻米架高區相互整合在
同一個區域，以柱體作為廚房區和用
餐區的隱性分野，透過功能的互相銜
接，創造更彈性且多元的使用方式。
空間設計暨圖片提供_福研設計

05 為機能與基地而生的造型美

為將廚房開放，以弧形爭取最大的空間使
用，杯狀的造型吧檯接續廚具，延伸出放
置咖啡機的小餐檯，上方設計紅酒杯架，
下方放入紅酒冰櫃，360度都有其用途；對
側榻榻米空間也相對設計成弧形，保持過
道暢通。空間設計暨圖片提供_福研設計

型隨機能而生！彎曲「摺」學之家

35坪的錯層空間，原本樓梯設計不佳，不好使用也讓空間擁擠昏暗，一對夫妻加上兩個孩子，需要三間房、客餐廳，外加一個神明廳，這麼多東西要如何井然有序地安置在有限的空間裡呢？

設計師重新調整樓梯位置，將之設計為此家的中心角色，串聯著低樓層的基礎生活機能，與高樓層的私密休憩地帶；以白色與木質色系打造居家的明亮氣息，採取建築學裡頭的有機形體概念，透過一片木摺板的概念，自主臥室的入口開始，延展至天花板，成為廚房與客廳的分界，下摺成為餐桌吧檯，彎曲成為窗邊的閱讀書桌，再轉身成為景觀休憩區的沙發基座，行雲流水地將格局、家具、機能集於一身，精緻地整合機能與需求到空間的形體之中，既符合生活需求，又達到造型美感。

此外，樓梯與電視櫃合而為一，以鏤空的設計增添挑高空間的通透性與層次感，纖長的木扶手帶動向上延展的視覺效果，空間的尺度被拉得更高，扶手的底端也設置一個小型展台，show出屋主孩子親手製作的建築模型，藉由材質的延伸與形體的串接，讓一家四口的美好生活串聯在一塊。空間設計暨圖片提供_福研設計

入門後左側以具有圓孔造型的拉門藏入紅色高立的「神明廳」，若隱若現也成為一吸睛焦點。

將樓梯的第一和第二階與電視
櫃結合，轉折後的樓梯下方也
運用畸零空間設置公仔展示
間，放著屋主的大同寶寶們。

除了在扶手末端設置建築模
型展台，牆面也設計作為家
庭佈告欄，隨時張貼紙條或
生活照片！

利用樑柱位置作為木摺板造
型的根基，延伸出 L 型的木
桌板，兩側各有其功能卻仍
有其整體性。

力口建築

彈性格局高手　　　力口建築 主持人　利培安、利培正

善用垂直高度結合極限複合機能，發揮家的最大運用值

同樣的使用坪數，規劃後就是能創造多一房，甚至是多出可以放200雙鞋子的空間，關鍵就是格局改造！利培安和利培正這對兄弟檔設計師，一個懂得善用空間的每一個死角、高度，並且整合一物多功、機能隔間概念，一個則是將設計轉換為實際施工，藉由靈活五金配件、尺寸比例的拿捏，提升家的最大運用值。

DESIGNER'S PROFILE

學經歷

利培安 實踐大學空間設計學系

利培正 台北科技大學土木工程學系

2006 成立力口建築

得獎・作品

2011 年 TID 無印良品展場設計入圍

2014 台北 Rosso 羅索咖啡

2014 台北 Cama Café 信義路辦公室

2014 台北 Cama Café 信義路敦南店、信義東門店、愛國店...等

2014 台北 許芳宜與藝術家舞蹈教室

2015 台北 MANO SELECT 慢鏝藝廊

2015 台北 文博會 La Vie 展場

2015 高雄 紅頂穀創觀光工廠

2016 台北 師大夜市 師園鹽酥雞

2016 日本 涉谷 Handscape 建築與金工聯展

2017 台北 東籬畫廊

2017 屏東 竹田 大和頓物所

坪效設計必殺絕技
4大關鍵 ➡

01 極限複合功能設計，最能節省空間

希望每一吋空間都能徹底被利用，發揮極大化的功能，就必須運用複合設計概念，例如直接使用廚具的立面當作電視牆，廚具轉角較難利用的角落還能成為設備櫃的深度；甚至於無需增設書房，餐櫃加上滾輪五金，既是餐櫃又能拉出來做為孩子的閱讀區。空間設計暨圖片提供_力口建築

02 善用地面落差、樓梯下方變櫃體

複層空間最大的優勢就是可以利用地面的落差，轉換為兩個不同高度空間共用的櫃體，同時又剛好做為空間的界定，搭配局部鏤空設計，就能保有視線的延伸與放大。除此之外，樓梯下方也是創造坪效最好利用的角落，可依據空間大小規劃為開放書架、臥榻、櫃體，甚至是運用五金滾輪，將椅子隱藏在內，需要時再拉出，也可避免佔據空間。空間設計暨圖片提供_力口建築

03 機能牆取代隔間，光線通透、放大空間感

空間的區隔不一定非得是完整、封閉的隔間牆，過多的隔間劃分，空間感變得零碎，更是浪費坪效。運用具有機能性的櫃體做為隔間設計，同時可以保有空間開闊、區隔場域以及增加收納。例如廚房與書房之間利用書櫃做隔間，而且選擇具有透視感的玻璃與鐵件為櫃體結構，光線通透明亮之外，還可保留後方的山景。空間設計暨圖片提供_力口建築

04 用垂直高度爭取收納機能

比起倚牆而設大面櫃體，提升空間坪效除了須思考坪數，也應納入屋主的興趣做發揮。目前小住宅有挑高或是複層的形式，當平面的坪數受限時，建議可利用高度換取收納機能，即便是30～50坪的住宅，與其做滿一整面櫃子，利用從沙發轉折至走道的牆面規劃開放式書架，也會相對精省空間，然而卻依舊可滿足充足的藏書量，甚至也能成為空間的獨特主題，彰顯使用者的生活品味。空間設計暨圖片提供_力口建築

摩登雅舍室內設計

鄉村風繪圖天王、收納天后　　設計總監 汪忠錠、王思文

巧用隱形機關收納，機能與美感並駕齊驅

格局配置重要的就是要留出每個空間、家具、收納、走道的位置，尤其是小坪數，向來是空間分配的難題，在收進大量物品的同時，也不能讓空間顯得狹窄。其實最好的設計就是將櫃體隱於無形，再透過機關五金的協助，收納量順勢擴增兩倍，又不佔空間。同時調整格局，達到空間寬敞、動線順暢、機能配置又完善的美好居家。

DESIGNER'S PROFILE

學經歷

汪忠錠

國立台灣藝術大學

李祖原建築事務所、營建署檢定室內裝修設計人員証設計經歷20多年

2007 成立摩登雅舍室內設計

2014 出版《鄉村風訂製專賣店：鄉村風天后Vivian不藏私，色彩、佈置、傢具採購大公開》

王思文

2007 成立摩登雅舍室內設計

2014 出版《鄉村風訂製專賣店：鄉村風天后Vivian不藏私，色彩、佈置、傢具採購大公開》

得獎

2017 德國 柏林設計獎 金獎

2017 美國 Chicago Design Awards 金獎

2017 美國 New Your Design Awards 銀獎

2017 LICC 英國倫敦國際創意獎

2018 義大利 A' Design Award 銀獎

坪效設計必殺絕技
6大關鍵 ➡

01 家具與櫃體合併，減少佔用空間

若在小坪數中，有了櫃子和家具並存，空間通常所剩無幾，尤其是客房，床具與桌子的使用頻率較少，放著也佔位。不如就與櫃子合併，改成掀床或抽拉桌板的設計，讓大體積的家具消弭於無形，留出廣闊的使用空間作為它用，發揮空間坪效，運用更為多元。空間設計暨圖片提供_摩登雅舍室內設計

02 調整格局，閒置空間賦予機能

在大坪數的房屋中，若是配置不佳，容易多出閒置空間，反而顯得過於空曠，空間比例也不對。像過大的客廳建議可在電視牆後方安排儲藏區，能縮短電視與沙發的間距；而臥房則能分出睡眠區與更衣間，讓收納機能更豐富。空間設計暨圖片提供_摩登雅舍室內設計

03 善用五金與牆深，多了收納區

行李箱、大衣、雨傘這些出門就
會用到的物品，總是散亂在房間
各處，不妨通通放到玄關，出門
就能隨手拎走。善用五金，在穿
鞋椅加上滑軌，就多了約40公分
的櫃體深度，放行李箱也不是問
題。兩側的高櫃更是分格細密，
切分出鞋子、雨傘、大衣的區
域，所有物品都有專屬的定位。

空間設計暨圖片提供_摩登雅舍室內設計

04 捨棄單一機能，空間與廊道重疊不浪費

配置長型空間時，經常將客餐廳
的公共區與臥房的私密區，分配
在空間的前後或左右兩側，就容
易形成長廊。這廊道多半只用來
行走，未免過於浪費，也容易有
過長的陰暗問題。建議拓寬廊道
範圍，將餐廳巧妙配置在廊道
上，讓過道也成為空間的一環，
消弭狹窄印象。空間設計暨圖片提供_
摩登雅舍室內設計

05 善用樑下、樓梯下，畸零空間發揮用處

配置格局時，不是每個空間都能完美被利用，尤其是樓梯下、樑下、柱體旁，總是會留下難以運用的畸零區。而這些畸零區多半有著30～40公分的深度，建議加上層板或櫃體，擴充收納量，不僅有效形成乾淨俐落的立面，也讓物品各有所歸。空間設計暨圖片提供_摩登雅舍室內設計

06 樑下窗邊設臥榻，能休憩又多了收納

有時會發現格局中會有大樑橫亙在臨窗處，由於樑下離窗邊多半會有50至80公分的空間，難以安排家具，又不能設置櫃體會阻光，多半成為閒置空間。不如改在窗下增設臥榻，讓空間得以完善利用，不僅多了悠閒的休憩區域，也可在臥榻下方增加收納，擴充機能。若不設臥榻，也可視空間需求，改放書桌或嬰兒床，讓運用更為多變。空間設計暨圖片提供_摩登雅舍室內設計

爾聲空間設計

台灣室內設計TID獎　　　　設計師　陳榮聲、林欣璇

善用瑣碎角落、化零為整，爭取更多生活尺度

從場域條件出發，伴隨日光與穿透感，用獨有的自然設計概念將量體化零為整，配合安全建材、最有效率且環保的施工環節。反璞歸真的澳式創意，往往能創作出別具一格的住家畫面，讓居住者發自內心地露出幸福笑容。

DESIGNER'S PROFILE

學經歷
陳榮聲

1998～2001 紐西蘭奧克蘭大學建築系學士

2001～2002 紐西蘭奧克蘭大學建築系碩士

2003～2007 Archimedia, Auckland, 建築師

2007～2013 BVN Donovan Hill Architecture, 建築師

2013 澳洲新南威爾斯州登記建築師

2015 Onward 爾聲空間設計 Archlin Studio 總監

林欣璇

1999～2003 紐西蘭奧克蘭大學榮譽建築學士

2004 紐西蘭奧克蘭大學環保建築碩士

2005～2006 Angus Design Group, Sydney, Australia, 室內設計師 / 兼公務部

2006～2008 DEM Pty Ltd, Sydney, Australia, 室內設計師

2009～2010 Levitch Design Associates, Sydney, Australia, 室內設計師

2014 爾聲空間 主持設計師

得獎

2015～2016 TINTA 新秀設計師獎

2018 TID Award 台灣室內設計大獎 居住空間類單層 TID獎

坪效設計必殺絕技
4大關鍵 ➡

01 把高度用得淋漓盡致，多收納更省空間

取代佔據室內坪數的落地櫃體，將收納規劃在意想不到的高處，
不僅釋放出更充裕的活動坪數、亦解決親子家庭正面臨著的玩具
小物眾多難題，滿足居住者生活與視覺的雙重自由。例如利用清
爽的樺木框圈起客廳與小孩房的兩片大窗，形成住家最重要的自
然光來源，上方空間便是收納重點所在，規劃一整排的長型門片
收納，選用噴黑OSB甘蔗板，令視覺後縮、減輕重量，低調粗獷
紋理凸顯細部質感。空間設計暨圖片提供_爾聲空間設計

02 一面牆的多種功能，爭取坪數效果

相較於在各個空間設置單獨的櫃體，將眾多功能性集中規劃，更是最省空間的做法。舉例來説，在這個16坪的住宅，橫跨玄關與廳區的轉角牆面，內含穿鞋椅、鞋櫃、回憶牆、電器櫃、魚缸、防潮箱收納等複合機能，整合收納量體於一處，讓住家主過道成為機能最密集的超高坪效精華區。空間設計暨圖片提供_爾聲空間設計

03 機能重疊與共享，走道變實用

走廊不單單只是串連場域的配角，賦予合理機能，也能成為住家中的重要場域。利用100公分左右寬度的過渡區，加入收納、裝飾機能，即能大幅提高場域附加價值。從玄關入口處通往客廳的直線過道，特意擴增寬度、結合落塵穿鞋區，加上一整落純白色配金的輕法式線板櫃體，不僅令走廊清爽舒適，經由機能重疊、空間互享手法展現，坪效激升！空間設計暨圖片提供_爾聲空間設計

空間不是只有牆面可以使用，活用不起眼的臨窗角落，也能創造機能與收納！將收納臥榻延伸窗邊，令遊戲室三邊皆機能，幼兒得以享有安全無障礙的活動場域，也產生與客廳形成口字型的「腳踏車迴路」，空間更能有放大感。而專屬遊戲室設計整面櫃體，搭配另側懸櫃、活動書桌，臨窗處則在架高處設計柔軟收納臥榻，讓此處擁有兩段式高度供孩子玩耍、閱讀。值得一提的是，以窗台防水墩約7公分高度為基準的樺木架高邊緣透過45度導角處理，搭配無毒夾板，是屋主能放心讓寶貝們爬上爬下的活動天地。空間設計暨圖片提供_爾聲空間設計

坪效設計
Case Study ➡

彈性界定令生活不再只有一種可能

創意源自生活，擁有二大、二小、二貓的大家庭，由於成員的需求、興趣迥異，需要對應各自喜好作調整。為了妥善收整一家子所需要的大小雜物，暗藏玄關的獨立儲藏間與從入口延伸至窗邊的視聽牆，是公共場域最重要的收納核心，化零為整的手法，有效減少佔空間的瑣碎櫃體，釋放出簡潔大器的方正廳區。一整道立面包含電視牆、書籍與茶具收納展示，閒置的層板理所當然地成為貓咪的跳台，屋主可透過大理石薄磚滑門調整，可視情況避免牠們對特定收藏品進行破壞，令複合性的機能空間佈局，有了更人性的細節處理。

此外，打開原本客廳後方實牆隔間，用L型角落拉門圈出一方隨性開闊的多功能玩樂、閱讀室，全開放時能融入廊道與廳區場域，小朋友不僅能在這裡與父親玩拋接球遊戲，也提供孩子、貓咪們四處跑跳的無障礙安全領域，進一步來說，當下一代漸漸長大需要獨立寢區，空間機能亦能隨之變化，賦予住家成長彈性。空間設計暨圖片提供_爾聲空間設計

將住家公共區域的收納整合於玄關後方儲藏室與電視牆面，減少多餘量體佔據室內坪數，釋出簡潔方正格局。

遊戲室設計充足的收納櫃體，滿足孩子們從小到大各階段的收納需求。L型拉門關起時能巧妙貼合多功能室的櫃體外框，不會產生多餘突出線條。

打開客廳後方實牆，利用L型拉門打造彈性閱讀、遊戲區，全開放時融入公共空間，成為孩子與貓咪的無障礙遊樂場。

IS國際設計

好宅設計師　　　　　　　　主持設計師　陳嘉鴻

專精平面配置找出坪效最大值

DESIGNER'S PROFILE

學經歷

現任IS國際設計　主持設計師

1997～迄今 IS國際設計＆優識企劃

著作《室內設計師陳嘉鴻的隱藏學》、《大材大
　　用：陳嘉鴻的精工住宅美學》漂亮家居出版

擅長將視覺坪效放大至極致，而常被誤認為是
專做豪宅的的IS國際設計主持設計師陳嘉鴻，對
於接案空間坪數向來沒有限制。主張好宅設計的
他，認為只要在第一關平面配置就找出空間最大
使用值，不管選擇了什麼風格，只要線條比例合
宜，材質搭配細膩工法，並兼顧居住者的生活機
能，就能將空間的實際及視覺坪效發揮到最好。

坪效設計必殺絕技
5大關鍵 ➡

對陳嘉鴻而言，平面配置是設計最基礎，任何空間問題都可以被解決，想要讓空間達到不管是在實質的坪效或是視覺放大的目的，一定要在平面配置時就下功夫，所以他花很多時間在思考平面配置，在規劃時就已將舒適、功能、美感及空間感等四個條件考慮進來，才能讓空間發揮最大效益。空間設計暨圖片提供_IS國際設計

02 把無用化為有用

都會區的房子空間有限,有著坪數的限制,所以絲毫都不容浪費,如何把無用空間化為有用是陳嘉鴻所擅長,像是常見的走道、過道等,以走道為例,常就隱身著強大的收納櫃,把隔間化為櫃體,走道就不會是無用的空間,反而可用來收納季節性的物品或家電。空間設計暨圖片提供_IS國際設計

03 轉換型式更好用

由於接案多以北部都會區為主,對於都會區的生活型態也有著相當的鑽研,陳嘉鴻觀察到多數屋主開伙機會不多,平時家人間也難一起坐在餐桌用餐,因此他大力倡導以中島替代餐桌,中島可結合廚櫃設計,不只是平時可輕鬆用餐的空間,同時也隱藏著強大的收納機能,比起需要正襟危坐的餐廳更符合現代人的生活。空間設計暨圖片提供_IS國際設計

04 將機能隱藏於無形

空間要被充份的運用才能發揮最大坪效，但過多機能置入相對也會對空間造成壓迫感，如何將機能隱藏於無形呢？擅長隱藏式收納設計的陳嘉鴻，捨去手把利用立面的切割線形做開關，讓不同功能的櫃體隱藏在空間各個角落，讓櫃體融入風格語彙，兼顧實際及視覺坪效。空間設計暨圖片提供_IS國際設計

05 視覺坪效也要發揮到最大值

坪效不只是實際的把1坪空間當2坪使用，如何透過設計讓視覺坪效發揮到極致，讓只有30坪大的空間也能有50坪大的視覺感也是陳嘉鴻所在意的。其秘訣就在於線條的比例掌握，只要將空間垂直及水平的線條做整理，透過溝縫及線板來調節線條比例，簡潔的線條比例就能創造出空間的視覺坪效。空間設計暨圖片提供_IS國際設計

坪效設計
Case Study ➡

調整門片多了收納也將空間極大化

換屋對屋主而言是個意外，假日隨興看屋卻被屋外的美景所吸引，進而決定買下這間四房的新成屋。說是四房但實際室內卻不到30坪且每個房間卻很小，不只主臥連放衣櫃的位置都沒有，1坪大的小孩房更只能放張床和書桌，更不要說客廳還有根歪斜的大樑。對於陳嘉鴻在空間坪效的運用，十分折服的屋主，特別找來陳嘉鴻希望能解決空間問題。

一進門看到客廳歪斜的大樑，陳嘉鴻不但沒有提出包樑反而要把樑放大，透過木皮的裝飾，樑反而成為客餐廳天花板的視覺焦點；且針對主臥沒有衣櫃的位置，透過門片位置的調整也立即有解；1坪大的小孩房更是在把門從推門改換成了水平拉門後，分分寸寸被運用，有了床、衣櫃及書桌；走道當然也絲毫不浪費，成為收納大型家電的收納空間；至於拉長尺度的中島設計，不只創造複合機能的使用效益，更是讓空間突破坪數的限制，創造出如豪宅般的空間尺度，實現屋主住好宅的夢想。空間設計暨圖片提供_IS國際設計

以中島代替餐桌，除了結合收納櫃與中島創造複合機能，並拉長中島尺度，與天花板的造型樑呼應，任誰都看不出這是間不到30坪房子的客廳，不只實地提升坪效連視覺也放大。

讓主臥的衣櫃只能擺在臨走道的牆邊，但因面寬不足，若放了衣櫃就只能單邊上下床，將門挪移70公分，即在床尾創造出衣櫃的空間。同時臨走道隔間牆拆除，變成雙面櫃，讓走道也具有收納機能。

將1坪大的小孩房房門從一般常見的推門，改成水平拉門，少了門片的迴旋讓室內省了至少60公分的直徑空間，陳嘉鴻將床往上延伸在下方設計收納衣櫥，將空間運用到極致。

坪效設計
Case Study ➡

讓牆不只是牆也是機能

買下第一間房時，因為沒有太多錢可裝修，只是擺上現成傢具，無法充份運用坪數的空間，讓原本就小的家變得更為零亂，因此買下這間較大坪數的新居時，屋主要求不要有任何閒置空間，且一定要有足夠的收納機能。

將空間重新配置，陳嘉鴻運用有限坪數找出坪效最大值，把橫長型空間不可避免的走道變身成為收納櫃，隱藏式的門片設計，加上切割的線條，讓看似走道牆面不但化身成為空間造型，同時具有強大的收納機能；不只如此，將過長的主臥區切割，規劃為睡眠、更衣及浴室等區域，置入收納及舒壓、清潔等機能，讓睡眠區有專用的電視櫃，並運用更衣室通往浴室走道，自然劃份出男女主人不同收納區；而透過機能的整併，不只滿足了女主人乾濕分離浴室的需求，更維持了開闊的空間尺度，讓坪效不只發揮在實際的機能，也延伸了視覺的坪效。空間設計暨圖片提供_IS國際設計

依著大門往開放餐廚區延伸，陳嘉鴻規劃了隱藏收納櫃，並運用線條切割形成手把，銜接餐櫃做收邊，提升了走道的坪效，把無用化有用。

將主臥平面重新配置，把更衣室規劃在主臥與浴室間，並充份運用走道及門片置入收納機能及整衣鏡，絲毫不浪費過道的空間。

將浴室一分為二，一邊規劃為乾區的梳化區，一邊的濕區則將淋浴及泡澡機能整併，少了區隔浴缸及淋浴柱的拉門，空間坪效自然提升。

蟲點子創意設計

德國**iF**設計獎&紅點設計獎　　　　　設計總監　鄭明輝

流暢動線與複合設計，重塑高坪效好體質

勇於以創意突破隔間僵局，更善於利用動線改造來提升空間靈活度。而為了獲得更好坪效設計，藉由場域重疊的複合式設計概念，再配合設計力整合複雜需求，讓空間與牆面均能更簡潔、寬適，達成機能多元、美學優化的坪效設計。

DESIGNER'S PROFILE

學經歷

2005 淡江大學建築系

2007 淡江大學建築研究所建築碩士

得獎

2014 TID Award 台灣室內設計大獎 / 居住空間單層
　　　得獎

2016 DFA亞洲最具影響力設計獎

2016 得利空間色彩大獎 / 商業空間類特優獎

2016 新秀設計師大賽 / 居住空間類 銀獎

2016 德國IF設計獎

2017 美國IDA國際設計大獎 銀獎

2017 義大利A`Design Award 銀獎

2017 年新秀設計師大賽 / 居住空間類 金獎

2018 德國IF設計獎

2018 德國紅點設計獎

2018 TID Award 台灣室內設計大獎 / 室內設計—居
　　　住空間類 單層TID獎

坪效設計必殺絕技
4大關鍵 ➡

01 無牆化隔間讓生活變寬敞

捨棄非必要性的隔牆設計，達到視覺延伸的通透性，就是最直接
提升坪效的方法，除此之外又帶來採光、空氣與景觀的串聯。不
論是將沙發背牆創新地設計成漂浮展示架，使僅有的結構柱變成
沙發靠背，或是透過拉門設計，不但保留格局最大的彈性，又能
讓視線不受阻礙，空間相對變得更寬敞。空間設計暨圖片提供_蟲點子創
意設計

02 機能立面化小廚房也好用

開放設計讓餐廚區與客廳都有更大空間感，並在空間界定上以木天花板搭配吧檯與輕盈木桌與客廳作出區隔，同時也滿足用餐與備料工作需求。最後將廚房功能立面化，如冰箱、烤箱等電器事先量好尺寸精準嵌入牆內，讓空間維持簡潔。空間設計暨圖片提供_蟲點子創意設計

03 畸零角落轉化為格局定位點

將難以規劃的階梯形格局，由小而大逐一配置為書房、臥房及櫥櫃區，搭配櫃體設計，讓空間變得合理、好用，並且不浪費畸零區。其中狹窄區作為書房，利用書桌與環繞式矮櫃設計具包覆感的工作空間，臥床區則以衣櫥拉齊牆面、修飾畸零角。空間設計暨圖片提供_蟲點子創意設計

04 靈活隔間讓空間可大可小

區隔空間建議採用通透的材質或是可彈性移動的門片設計，視覺才能向外延伸，有效放大空間。如果是一個人居住，衛浴區利用利用架高地板、玻璃隔牆與白色拉門作靈活運用，平常可打開拉門作為客廳腹地，洗浴時也有大視野，以重疊場域的概念達成雙贏坪效設計，而客廳後方以拉門收整的多功能室，則可獨立可開放，創造開闊感更賦予多元機能。空間設計暨圖片提供_蟲點子創意設計

坪效設計
Case Study ➡

穿透格局與環狀動線，小宅升級微型豪宅

透過格局重新調整，將18坪的小住宅默默升級了。除了維持二房格局，屋內更擁有走入式大更衣間以及泡澡浴缸等豪華設備，同時廚房變大了，客廳視野變寬敞，連客房都增加儲藏室，讓收納機能大幅提升，堪稱微型豪宅，如此魔法般的設計主要來自於開放式設計與穿透格局。

為了讓格局更形流暢，設計師鄭明輝首先將獨立式廚房移出，改為開放格局的餐廚區，並與客廳平行並列以避免室內採光受阻，也能放寬視野，同時落實動線無形化的設計，而公共區域也因複合使用設計而坐擁較原本更大的腹地。接著將舊有廚房位置變更為主臥室更衣間，再讓浴室放大尺寸、配置獨立浴缸，同時把主臥室、更衣間與浴室之間串聯成環狀動線，室內行走的風景變豐富多元了，也會讓家有變大的錯覺。

由於屋主單身居住，主臥室與客廳間採用三片可移動式玻璃門搭配簾幕作隔間，平日主臥室可打開納入客廳，若有客人也可獨立使用。另一方面，浴室大片玻璃隔間同樣讓空間享有穿透視覺，成就放大空間效果。

空間設計暨圖片提供_蟲點子創意設計

廚房外移至公共區，占地雖不大，但利用電器櫃將蒸爐、烤箱等設備嵌入牆內，能滿足多數烹調需求。吧檯與餐桌結合較省空間，可坐三人的餐桌也可輔助作為工作檯面，讓料理工作更順暢。

客廳空間不大，但由鞋櫃往內延伸的珪藻土牆與矮櫃具有視覺延伸效果，沙發後方與主臥室間的玻璃隔間又產生穿透視覺，側面連結地餐桌也採順向設計，使客廳看起來比實際大不少。

原位於主臥室床頭後方的封閉廚房改為更衣室及廚房電器櫃，而改採穿透玻璃隔間的主臥室則實質放大生活空間感，同時也讓室內採光更優化。另外，窗邊L坐榻區則增加收納及座區。

PART

2

1坪變2坪！坪效升級的極致裝修術

從微型住宅到30坪以上的空間，超過80個極致運用案例詳細圖解，解析設計師們如何透過格局改造，運用一物多用、場域重疊、以及畸零角落再利用等撇步，讓家不用變大，卻能擁有許多出乎意料的生活機能，讓坪效大幅提升！絕對不會浪費每一寸空間。

POINT

1

一物多用，把家變大

只要懂得善用空間，家不只能變大，還可以多出許多意想不到的使用機能，從1+1大於2的概念去思考，雙面櫃兼具隔間、家具可以伸縮隱藏收進櫃子內，中島吧檯除了收電器、亦可儲放書籍、電器，一物多用創造極致用途。

概念

01

複合機能櫃完勝實牆隔間

既然空間沒辦法變大，就更必須捨棄實牆隔間，取而代之的運用手法如：一座雙面櫃體，電視牆與半腰餐櫃結合、或是書牆與衣櫃共用，都能將坪數效益發揮到最大。

概念

02

最不佔空間的家具隱形術

餐桌、餐椅或是梳妝檯算是佔去空間最大的幾個家具，假如居住成員單純、或是使用頻率不高，不如選擇能輕鬆移動組合的方式，利用伸縮折疊、滑軌抽板以及滾輪五金暫時將它們藏起來，需要時再打開使用，就能讓空間更為寬廣。

概念

03

中島吧檯整合收納與用餐

中島吧檯乍看是小坪數住宅最奢侈的規劃，但其實只要抓對適當的比例，一座中島吧檯不但可以擺放小家電、懸吊櫃體能結合照明與杯架收納，吧檯側邊亦可儲放許多書籍雜誌，甚至是最獨特的展示陳列角落。

概念

04

活動門片是隔間也是電視牆

牆是切割空間造成視覺狹小的最大元兇！利用衣櫃拉門打造可滑動的電視牆、或是採取摺門、拉門作為彈性隔間，自然能徹底釋放空間感，創造視覺放大的效果。

拉門+低背沙發，小孩房也是客廳延伸

空間設計暨圖片提供_工一設計

客廳後方長4.5米、寬2公尺場域，利用拉門、摺疊門片，與櫃牆圍出一方彈性空間。現階段平時是稚兒臥房，全面開放時則可融入公共場域、廳區立刻放大一倍。當小朋友們在此處嬉戲玩鬧時，彈性隔間、低背沙發的無阻礙視野，家長能完全放心，搭配一旁櫃體內嵌書桌提升機能性、亦能當作男女主人臨時書房使用，賦予住家使用上的多重可能。

平面計畫

除了主臥、小孩房、客房外，客廳後方開放時可充當延伸的活動區，關起時亦能作第二間小孩房使用。

規劃策略

材質｜多功能室門片皆為木作噴漆施工，與客廳低背沙發、臨窗活動區都是訂製而成，讓兩者能緊密連結。

尺寸｜多功能區長4.5米寬2米，現階段闔上時可作獨立小孩房，待小朋友長大或可敞開納入公共空間。

工法｜靠沙發背側一面為深灰滑門，走道面則為清水模漆摺門。摺門完全摺疊收納後則可順勢成為端點櫃體門片。

架高大臥榻滿足休憩、收納，更兼具實用座椅

空間設計暨圖片提供_路裏設計

僅僅10坪的微型住宅，既然是一個人住，更無須被傳統空間框架束縛，保留最必要的浴室、更衣間門片，臥房以大尺度的架高臥榻概念，與公領域形成具有私密又通透的空間感。相較於原本只能放置標準單人床的獨立臥房，透過精準的比例劃分，反而能擺放加大雙人床墊，地面下又隱藏豐富充足的收納，而2階各22公分高的踏面，也恰好成為座椅的延伸用途，當朋友來訪時便能圍繞談天說笑。

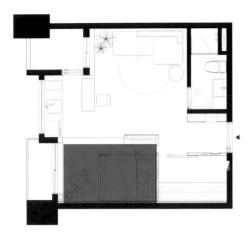

平面計畫

原本方正格局因一道隔牆徹底劃分公、私領域的關係,導致動線狹窄擁擠,也讓空間變成長形結構難以利用。將隔牆拆除,以半開放格局重新思考臥房,利用地面高度的變化,巧妙地隱喻空間機能的轉換,同時也增加獨立的更衣與儲物間。

規劃策略

材質｜和室選用與廳區一致的海島型實木地板延伸,搭配以白為主基調,空間清爽透亮。

尺寸｜架高和室地面隱藏9格120×60公分的收納空間,可放置換季寢具、棉被等大型物件。

工法｜將實木地板與夾板做貼合,並刨去局部厚度做出內凹角,同時以相同實木材料收邊,讓和室地面更為平整。

中島結合料理與用餐，
運用更多元

空間設計暨圖片提供＿一它設計 i.T Design

由於屋主嚮往歐美開放式中島餐廚，於是設計師從原本狹小的傳統廚房
格局中作變化，先拆除了原本牆面，管線遷移，廚房檯面也一分為二：
一邊為洗手槽，另一邊為爐灶，爐灶同時也串接延伸吧檯、餐桌，由於
此處空間較小，設計師為屋主量身訂製了多切面餐桌，透過幾何形狀增
加一起用餐的座位數，也在無形中大大提高餐桌的使用坪效。

平面計畫

拆除牆面並拉長餐廳空間,以爭取餐廚區域有流暢的動線,木作展示櫃亦為玄關櫃,格狀設計也能讓立面更顯輕盈。

規劃策略

材質｜中島餐桌桌面以純白人造石打造,一體成型無接縫設計,不僅耐髒耐磨,更顯俐落清爽。

工法｜重設中島則需挪移抽油煙機的管線,工程較為耗時費工,卻能提升空間效能,同能營造美好地景。

尺寸｜中島高度75公分,連同爐灶長度約180～200公分,原本僅能容納2人的餐桌在幾何切面設計下加長,能增加5～6人共同用餐。

巨型儲藏、機能方塊也是貓咪的秘密基地

空間設計暨圖片提供_工一設計

由於住家為單面採光，設計師選擇將空間與收納量體集中於一側，把客浴、小孩房、主浴、儲藏櫃、衣櫃與貓通道整合成一個「大方塊」，透過純白色彩、內嵌光線，成功減輕視覺壓迫感。仔細觀察，牆面切割出直線、斜線縫隙，藉此隱藏櫥櫃、門片、上掀板等機能，完美整合、簡化空間線條。

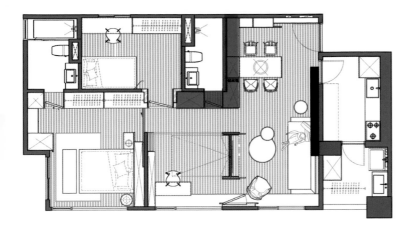

平面計畫

同樣維持三房格局，透過滑門取代實牆，讓機能空間開闊更具備使用彈性。

規劃策略

材質 | 由於牆面預留5～6mm溝縫藉以隱藏大小門片，表面材需延伸覆蓋縫隙，所以選擇有一定厚度、好定型不回彈的壁紙。

尺寸 | 大方塊量體橫跨整個住家，左側長達8米、右側3米，囊括客浴、小孩房、主浴、儲藏櫃與貓通道等機能。

工法 | 整體為木結構，以日本壁紙鋪貼表面，利用其耐磨、好塑型特性外，簡單汙垢可用橡皮擦清理，日後若需替換，也只要撕除表面即可。

造型電視牆兼具收納展示，創造自由雙動線

空間設計暨圖片提供_一它設計 i.T Design

這個案子為樓中樓的扁長型格局，空間中樓梯的佔地面積最挑戰設計坪效，設計師挪移了原本樓梯的位置，改沿窗倚樑設立，空架式階梯不減光線，也靈活運用了樑邊畸零空間。兩面式造型牆面其實為包覆房屋主樑而設，並在四面都加了心機設計，包含了電視櫃與餐邊櫃的收納機能，兩側不靠牆則創造雙邊動線，同時窄邊的兩側亦有展示空間。

平面計畫

狹長型的公領域中,設計師依大樑位置打造隔間牆面,劃分出客餐空間格局,窗邊作為樓梯位置,展現輕盈立面視覺。

尺寸｜頂天立地牆面沿間接燈光設立,高度約220～250公分、側邊厚度20公分展現份量,也讓收納機能更提升使用坪效。

規劃策略

工法｜牆體依空間尺寸及所需機能量身打造,層板、櫃門、凹槽設計搭配異材質,展現高度使用性。

材質｜以不同的地坪材質界定出空間領域,造型牆則量身訂製,運用石紋美耐板、鐵件和木皮混搭出具有個性的量體。

化整為零，解構收納櫃成透光屏風

空間設計暨圖片提供_工一設計

位於書房與大窗健身區間的白鐵柱群，其實兼具隔屏與收納、展示功能，更將管道間暗藏其中，成為住家最大的機能裝飾量體！收納柱群以鐵件、木作構成，利用材質的堅固、輕薄特性，讓柱體呈現中央、上下等各異鏤空造型，令寬度不一的長型柱體化實為虛，適度遮蔽刺眼日光之餘，噴上白漆看起來更顯輕盈。

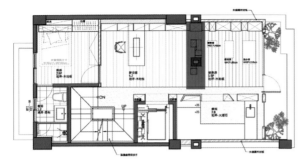

平面計畫

原本三房變主臥、小客房、書房、休憩室，令住家每個角落都能被有效利用。

規劃策略

材質｜以輕薄堅固的白色鐵件搭配木作打造而成，鏤空設計保持視覺輕盈不笨重。

工法｜櫃體的鐵件骨架皆需預埋於天花、木地板，用倒T鎖螺絲保證量體穩固。

尺寸｜最大柱體作包覆、隱藏管道間用途，其餘為展示、收納櫃體；需保留1米1寬度過道，讓動線來去無壓更自由。

通鋪、客廳、茶室多機能，串接父子生活

空間設計暨圖片提供＿一它設計 i.T Design

爸爸熱衷茶道，兒子喜歡法式料理和影音娛樂，加上偶爾親友來訪總是沒有空間，於是起心動念重新修造了住四十年的房子，設計師將沙發後面架高地坪，型塑出日式茶道的場域氛圍，特殊訂製的沙發，可作為坐墊，同時也能作為床墊，正是享受影音的沙發墊，空間中形隨機能，通鋪、客廳、茶室視需要變化。

平面計畫

原先客廳窄長,活動空間
受限,設計師捨棄沙發後
方房間,改為開放格局,
反而能在多元變化中提升
更高坪效。

規劃策略

材質 | 部分牆面運用仿清水模漆上色,搭配木製材質、仿榻榻米的纖維材質做妝點,全室自然色系增添居家空間溫暖。

尺寸 | 茶室地坪高度將近45公分,巧妙串接沙發背牆,讓兩邊能有所延伸,以沙發椅墊作調節,空間亦能獲得最大使用率。

工法 | 地坪架高,創造可收納的隱形空間,側邊底面以光帶輕化量,再以兩踏階式降低高低差,更多了側邊造型收納機能。

08
賺 1 坪
Case study

一道牆串聯收納、展示與電視牆

通透的隔間設計，不但能提升空間坪效，也能創造開闊明亮的視覺感受。在書房和客廳之間，設計師選擇利用電視牆搭配鏤空鐵件展示架，取代一整面的隔間牆，藉由虛實交錯的立面設計，賦予各空間看似獨立卻又能相互連結的關係。除此之外，電視牆的另一側更納入儲物櫃設計，可收納多元生活用品。

平面計畫

由玄關進門後，面臨客廳
與書房兩個空間的規劃，
大量利用玻璃與金屬框架
搭配，巧妙界定出場域的
範疇，卻同時可維持通透
流暢的生活動線。

規劃策略

工法　鐵件展示架的上、下端點預
埋在結構體內，強化量體
的穩固與安全性。

尺寸　電視牆後方的櫃體深度約
60公分，除了收納視聽設
備，也增加生活雜物的儲
藏機能。

材質　櫃體採灰階薄荷色，鏤空
展示架則是鐵件烤漆處理
為相近色調，視覺上更為
協調。

09 賺 3 坪 Case study

機能、樓高UP！鏡反射拉闊多功能電視牆

空間設計暨圖片提供_工一設計

設計師特意降低木質牆、門片高度僅保留約205公分，上方規劃70公分鐵層架、鋪貼40公分窄鏡面，利用鏡反射原理令黑鐵層架瞬間翻倍，巧妙運用視覺手法達到拉高空間效果。木牆具備客廳電視牆、機櫃功能，同時內藏進入三個房間的入口門片，透過不規則分割線條達到隱藏、一體成型效果；弧形內凹機櫃背面鋪貼石紋美耐板，與另一側房間共享櫃體空間。

平面計畫

主臥不動，配合電視牆懸掛處、機櫃等設定，調整另外兩房空間與房門開口。

規劃策略

材質｜木皮牆面搭配側面、上方鐵件層板，利用線條與深淺對比拉闊景深。

工法｜鐵件需鎖入天花結構確保穩固；鏡面除了靠黏著固定外，更利用卡榫內嵌於天花板材中。

尺寸｜降低木牆、門片高度，留下70公分黑鐵層板，透過40公分天花鏡面反射，達到高度增加效果，其中注意鏡面需貼夠直，才能完美反射、不留破綻。

移動大滑門也是隔間牆，視野、採光翻倍

空間設計暨圖片提供_甘納空間設計

這間30坪的住宅，最大的優勢就是可以眺望淡水河景，如何把坪效徹底提升，設計師拆除一道臥房實體牆，重新扭轉隔間的定義，以木作大滑門取代，這道可移動的牆面既是門、也是隔間，多半時間就能完全敞開與公共廳區結合，獲得比原坪數更寬闊的空間感，也享受到毫無阻擋的光線與戶外景致。

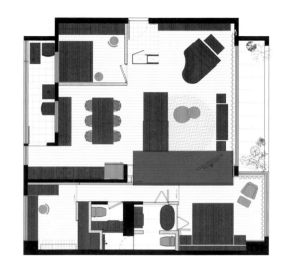

平面計畫

將客廳以面向河岸景觀的方式作配置,結合可旋轉電視柱的概念,當滑門打開後,空間的動線流暢性更好。

規劃策略

工法 │ 由於滑門尺度較大,為因應承重負荷,特別採取上下單軌道設計,加強結構性。

材質 │ 運用木皮作為活動牆的主要材料,搭配白色基調傳遞自然溫潤質感。

尺寸 │ 滑門總長度約5米,完全敞開後可收納於客房內。

玄關、客廳兩用的
6米雙面機關牆

空間設計暨圖片提供_工一設計

運用機能大平面概念，把介於大門玄關與客廳間的機能量體作雙面機能
整合，其中包含鞋櫃、電視櫃、玄關櫃、展示架、客浴與收納櫃體等，
打造總長約6米的「機關牆」。內嵌烤漆鐵件為鏤空設計，以100公分高
為電視中心點，規劃上、下與後側皆能雙邊收納展示，同時為了讓牆面
呈現一體成型效果，遇到客浴、櫃體門片部分皆是以大理石薄片貼覆底
材處理，為17坪住家打造簡潔大器的一道風景。

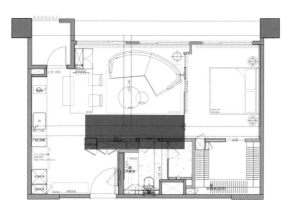

平面計畫

17坪住家由兩房改為一房，釋出空間作系統化的大平面機能整合，化零為整手法令視感更加大器簡潔。

規劃策略

材質 ｜ 使用屋主喜愛的大理石材質與鐵件烤漆作整道牆的主要結構材，呈現俐落簡潔視覺。

工法 ｜ 先預留鐵件空間，同時以木作做出主要結構骨架，最後內嵌鐵件層板，鋪貼大理石薄片作表面裝飾。

尺寸 ｜ 囊括玄關鞋櫃、展示架、電視牆、客浴與收納櫃機能的整道牆面長6米、高250公分。

兩區共用雙面櫃，串聯空間機能

空間設計暨圖片提供_一它設計 i.T Design

身為法式料理廚師的屋主，嚮往擁有寬敞料理平台，以及能收納龐大烹調器物的空間，設計師將原本三房屋型併為兩房，拆下廚房與餐廳隔牆打造開放空間，緊臨玄關處的櫃體取代了實體牆面，設計為兩邊共用式的機能，既是玄關櫃，也能在另一邊收納各種器物，完全提升了空間使用坪效。

平面計畫

餐廚空間以不規則幾何櫃體及中島餐桌，爭取更寬裕的用餐空間，玄關側櫃體則針對進出門口換穿鞋子的需要，設置穿鞋椅提升機能。

規劃策略

工法｜呼應幾何不規則餐桌，櫃體折角設計不僅有型有款，更可配合需要讓出較大空間給餐廳區，同時窄化玄關保有私密安全感。

尺寸｜穿鞋椅高度約38公分，下方懸空設計，也可收納拖鞋。

材質｜紋理分明的白橡木作為雙邊櫃體材質，與沈穩霧面櫃體形成十足個性風格的對比搭配，也藉此打造收納差異。

一道牆結合多機能，放大生活尺度

空間設計暨圖片提供_禾睿設計

原本被劃分出兩房兩廳的16坪空間，除了陽光被遮擋、可想而之生活也不夠舒適。既然是一個人居住，就把隔間全然開放吧！變更為一房的配置，客廳、臥房之間利用一道半高牆面做區隔，以這座牆為中心圍繞著各種使用行為，對客廳而言是電視牆、設備機櫃，轉至另一側，則是臥房床頭板、書櫃，透過機能共用概念，放大生活尺度，使用上更為舒適。

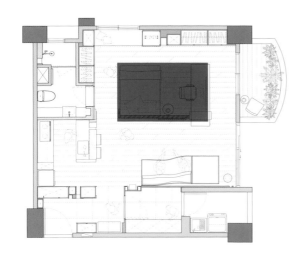

平面計畫

一個人住的16坪小坪數空間,捨棄多餘隔間,甚至連公、私領域也僅適度運用半牆設計,延伸視覺的通透性,同時也藉由環繞式生活動線,讓空間產生放大的效果。

規劃策略

工法 | 工作區桌板嵌入鐵件框架內,做為書桌一側的結構支撐。

材質 | 半高牆面以木作刷飾仿清水模塗料,搭配輕盈穿透的鐵件材質,虛實交錯延展空間的深度。

尺寸 | 工作桌板長約180公分,以便查看大型文件。

Z字櫃體結合外衣收納、穿鞋椅與鞋櫃

空間設計暨圖片提供_禾光室內裝修設計

原始老屋以現成家具區隔出玄關,空間顯得散亂,且入口處的光線也較為薄弱。在滿足採光與機能的多重考量下,玄關以Z字造型規劃多功能櫃,結合外衣櫃、鞋櫃和穿鞋椅的設計,另一側則可作為懸掛時鐘、相片牆等使用。有趣的是,穿鞋椅的概念其實與日式傳統建築「緣側」氛圍相近,作為內外的過渡空間,當鄰居上門、只要往穿鞋椅一坐,即可短暫閒話家常。

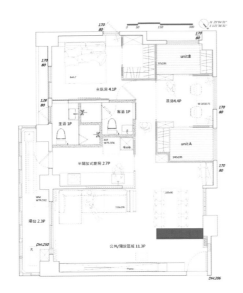

平面計畫

利用復古磚區劃出玄關落
塵區，同時為保有視線的
穿透感，利用一上一下、
一左一右的造型，讓櫃體
更顯輕盈，一方面也能提
升光線的流動性。

規劃策略

工 法｜Z字櫃體以木作打造而成，
門片局部鏤空切割，解決
透氣潮溼的問題。

尺 寸｜櫃體深度規劃40公分，最
左側櫃內採取正面朝前的
掛法設計，連外套都能收
納，底部則是開放設計，收
納室內拖更便利。

材 質｜選用淺色雪花家瑜木
皮，配上大量的白色
基調，在充沛日光灑
落下，散發自然清新
的氛圍。

15
賺 1 坪
Case study

一體兩面隔間櫃，滿足小坪數收納

空間設計暨圖片提供_禾睿設計

在避免進門後一覽無遺的視覺，以及同時希望光線的延續、空間的開放感，玄關區利用兼具隔間功能的複合式收納櫃設計，整合鞋子、餐具、雜物等多元儲物機能，並利用虛實交錯的開口，為玄關帶入光線與視線的延伸穿透，左側對講機產生的畸零結構，則成為鑰匙與室內拖鞋的實用收納。

平面計畫

雖然小坪數空間有限，然而在確認寬度和深度足夠的情況下，仍運用櫃體整合區劃出獨立的玄關場域，滿足收納需求。

規劃策略

工法｜木作櫃體採取暗門式門片設計，令立面線條簡潔俐落。

尺寸｜櫃體深度約50公分左右，可收納多元物品。

材質｜櫃體側面貼飾灰鏡，削減量體的厚重與壓迫感。

一道輕薄電視櫃創造隔間、收納的多種用途

空間設計暨圖片提供_路裏設計

小坪數住宅有可能滿足生活機能,又能保留寬敞無壓的空間感嗎?當坪數越小,格局動線的精準比例分配更為關鍵,運用一道整合多元收納的電視櫃體,自然地劃分公、私領域的界定,櫃體厚度維持在35公分的比例,結合白色表面的呈現,降低量體的沉重與壓迫,櫃體與臥房隔間適度以25公分的縫隙處理,也讓光線能蔓延至玄關,帶來自然光的引入。

平面計畫

原始10坪微型住宅所劃設而出的
電視牆，扣除家具擺設的位置，
走道僅剩下70公分寬，毫無設備
櫃的空間，藉由公、私領域的轉
向，以及置入一道機能隔間，為
客廳爭取到350公分深度，相對
寬敞舒適許多。

規劃策略

材質｜整體空間以純淨白色鋪陳，局部於客廳側牆選用深灰跳色，為的是削弱空間的轉折銳角。

尺寸｜除了最底部深度達45公分，可收納標準設備機器，其餘則是35公分深度，書籍、雜誌都適用。

工法｜電視櫃最下方的設備櫃體借取架高臥房處的深度，產生看似輕薄的視覺效果。

17
賺 1 坪
Case study

電視牆整合書桌，開放格局更顯寬闊

空間設計暨圖片提供_合砌設計

　　許多屋主都會提出書房的需求，然而不論是單純規劃一間獨立形式，或是選擇玻璃隔間，都過於封閉且反而浪費空間的使用性。在這個案例當中，設計師以完全開放的格局整合客廳與書房，保有空間的穿透延伸感，並讓書桌與電視牆結合，也適當創造出隱性的機能界定。

平面計畫

將原有客廳一旁的隔間拆除，以完全開放的型態規劃書房，讓空間的流動性更好、不受拘束。

規劃策略

工法 ｜ 兩個倒7概念運用木作打造，雙邊皆置入角料加強結構。

材質 ｜ 書牆延續廳區的藍色調，搭配木質肌理，清爽溫馨。

尺寸 ｜ 電視牆高度特意降至90～100公分左右，提升空間的通透性。

懸浮吧檯延伸鐵件光盒，整合隔間、收納機能

空間設計暨圖片提供_禾睿設計

公共廳區的視覺焦點落在懸浮的中島吧檯，特意放大了吧檯尺度，同時透過鐵件結構與不規則斜切角度，讓大型量體彷彿漂浮在空中，視覺上更感到輕盈，一方面懸浮吧檯也延伸至小孩房，與鐵件框架做為整合，既是穿透性隔間機能，營造更大的空間感，同時還能收納小物件，以及具有四個向度的燈光展現，從任何角度都能看到不一樣的光景，搭配門框上的線型燈具，也成為用餐時最佳的氣氛來源。

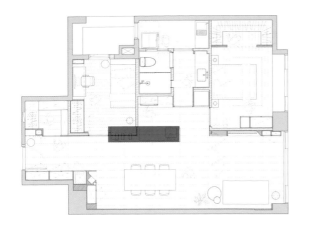

平面計畫

廚房改為開放式中島設計，空間感覺更為開闊，與客餐廳的互動串聯性提升，增加家人間的情感交流。

規劃策略

材質｜中島吧檯立面運用仿清水模塗料，搭配卡其色系廚具與牆面，增添空間暖度。

尺寸｜藉由鐵件結構讓中島吧檯抬高20公分，創造出量體的輕盈感。

工法｜T型鐵件預埋在地面結構後再鋪設地磚，並焊接支撐板材，最後再直接置入廚具。

電視牆兼拉門，機能更靈活

空間設計暨圖片提供_奇逸空間設計

由於坪數有限，因此將重點放在收納、空間放大與格局重整，尤其是利用建商原本的玄關與一字型廚房結合，延伸至客廳電視牆櫥櫃，甚至轉進主臥，而活動式電視牆做成拉門設計，使機能更靈活。而書房後方的布幕拉門，可視需要串聯主臥，將空間分割。

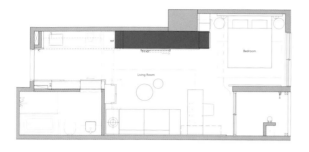

平面計畫

結合拉門門片與電視牆，不僅減省了開門佔用的空間，更能達成多元複合機能，黑色木紋牆面更為空間增添沉穩魅力。

規劃策略

工法｜顧及電視牆可左右橫移，電線長度必須留長，使用更順暢。

尺寸｜利用門片後面的8公分管道間隱藏電線。

材質｜為顧及隱私性，窗簾軌道從書房背牆延伸至主臥門口，必要時可將紗質窗全部拉上，讓主臥獨立不受干擾。

用餐、電器櫃、咖啡吧，
一個中島全都滿足

空間設計暨圖片提供_樂沐制作空間設計

　　有限的15坪長型屋內，將廚房與餐廳緊密相結合，該有的空間機能一項也沒少，藉著開放格局為核心，置入L型中島與廚具平行擺設，並讓中島兼具收納、餐桌、電器等多功能，再援引落地窗的陽光照亮空間，並藉由質樸材質堆疊，引用淺色調定義壁面與櫃體，替空間感帶來放大寬敞之效，營造愜意的居室氛圍。

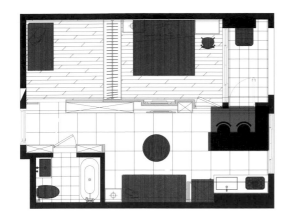

平面計畫

有限坪數內,均等分配公私領域範圍,以比例切割、量體呈現等網羅機能與空間感。

規劃策略

工法 | 吧檯桌側邊規劃凹槽,可用來收納書報雜誌,瞬間讓吧檯變成小型閱讀空間。

材質 | 使用環保建材,在水泥與木紋質感之中,給予深淺色對比,帶出俐落輕盈的底蘊。

尺寸 | 廚房天花隱藏冷氣主機,呈現俐落造型,廳區則維持3米屋高,保有不壓迫的空間感。

木質框景創造隨興座椅與豐富收納

空間設計暨圖片提供_合砌設計

重新規劃的開放式客廳及書房區域，享有完整且大尺度窗景，為了將戶外難得的自然綠意景致引入家中，設計師以畫框為靈感概念，運用木質素材包覆出立體框架，同時發展出一道長形坐榻，讓屋主能輕鬆隨興地使用，也成為廳區座位的延伸，而坐榻下也隱藏豐富的抽屜收納機能。

平面計畫

將住宅面臨翠綠山景的優勢徹底發揮極致，在開放式的空間格局之下，利用長坐榻與以創造每個場域的互動。

規劃策略

材質｜運用木質元素做出框架，配上清爽的藍白基調，交織出心曠神怡的北歐氛圍。

尺寸｜坐榻架高僅設定在20公分左右，保留完整的窗景。

工法｜7米長的坐榻以60公分寬的抽屜做等距劃分，藉由抽屜之間的結構做支撐。

電視柱提供全方位觀賞角度

空間設計暨圖片提供_懷特設計

想要擁有更大的空間坪效，就必須跳脫制式格局的窠臼，設計師以非單一方向性的設計思維來考慮電視牆的存在，改採可360旋轉的輕盈電視柱，讓家人在客廳、餐廳、廚房均可觀賞電視，搭配天花板造型裝飾藝術的襯托，不僅獨具特色，也讓電視牆擺脫巨大量體的魔咒，省下電視牆空間、增加玄關與廚房採光，一次解決所有問題。

平面計畫

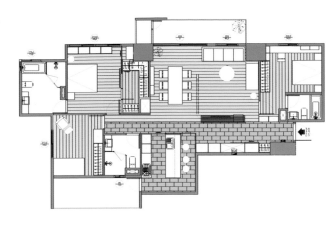

捨棄電視牆,改採電視柱除節省空間,更重要是將玄關與餐廳的視野、採光等問題一併改善。

規劃策略

材質	白色電視柱搭配透明感的黑色圓片造型裝置藝術,讓電視牆雖無方向性卻有聚焦的主題感。

尺寸	一般電視牆尺寸約180公分(寬)X200公分(高),需佔掉約1～1.5坪空間,電視柱可說是小空間極佳提案。

工法	柱體上、下固定於結構內,搭配旋轉軸心,方便使用。

拉出衣櫃抽屜，變出梳妝機能

僅僅14坪的空間，在必須規劃兩房的情況下，臥房內要配置衣櫃、還要有梳妝檯機能，有可能辦到嗎？其實關鍵就是善用五金配件！打開衣櫃的抽屜，隱藏著一張迷你梳妝檯，抽屜檯面開啟包含鏡子，各種大小尺寸的分隔設計，收納保養彩妝、飾品都不是問題，方便使用又能節省空間。

空間設計暨圖片提供_Sim-Plex 設計工作室

平面計畫

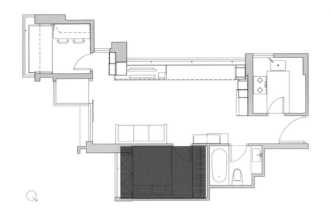

順應建築物的開窗位置規劃為主
臥房,走出房門即是公共廳區,
平常房門開啟時,視線也能延伸
放大,降低空間的壓迫感。

規劃策略

材質 | 木作櫃體延伸成為床頭
主牆造型設計,牆面刷上
淡雅綠色,自然溫馨。

尺寸 | 梳妝檯須扣除預留上掀
門片的空間,深度大約是
50公分左右。

工法 | 抽屜使用滑軌、上掀
式鉸鍊,是隱藏機能
最佳的五金選擇。

可收摺餐桌，狗狗開心
奔跑、餐椅也是穿鞋椅

空間設計暨圖片提供_天涵空間設計

這是一間24坪的長型街屋格局，由年輕夫妻及一狗一貓居住，顧及採光、通風及動線安排，因此將客廳放置在中央，主臥放在採光最好的一側。並在客廳及主臥中間設計一彈性和室，作為客房小孩房的預留。整合沙發邊几的雙人小吧台是平常用簡餐的地方，餐桌設計成可收合的方式，平時收起作為狗狗遊戲的空間，客人來時放下餐桌，從鞋櫃拉出長凳，變身聚會所。

平面計畫

平時才二人及寵物相處，因此小吧檯即足夠，把餐廳空間留給寵物活動，但有朋友來時，才放下餐桌，讓聚會更活絡。

規劃策略

工法｜餐桌設計可折疊，必要時將桌面及桌腳折起來，嵌入馬克杯餐櫃，成為一幅空間的畫。

材質｜顧及有寵物活動需求，地坪上採用超耐磨地板，櫥櫃採用楓木紋木皮，使空間看起來較明亮。

尺寸｜餐桌長度大約100公分，寬約75公分，高為75公分，以免阻礙進出廚房及衛浴動線。

相同材質延伸，樓梯成隨興座椅

空間設計暨圖片提供_PSW建築研究室

特殊的複合高度小宅，一進門是挑高3米的空間，往下走則是挑高4米2，雖然原有衛浴位置不變，然而設計師透過玻璃拉門取代制式門片，加上利用材質的串聯延伸手法，大膽顛覆餐廚與衛浴如此開放的型態，不侷限空間框架，階梯的作用便不再僅是空間的連結走道，也可以是隨興座椅，不論是與餐桌合併使用，或是單獨坐在這看書都非常實用。

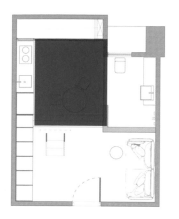

平面計畫

小坪數住宅利用廚房與衛浴之間的空間，規劃為用餐區，衛浴格間取而代之以玻璃拉門打造，讓陽光能恣意流動，空間感也大幅提升許多。

規劃策略

材質 | 白色小方磚由衛浴地壁蔓延成為餐廚地面、踏階、廚房壁面，材質的單一與延續放大空間感。

尺寸 | 衛浴入口變更為滑門，爭取空間感的延伸與放大。

工法 | 樺木合板刻意刷上白漆、白磚則是挑選進口粉色填縫劑，讓清爽的空間多了一點活潑感。

高低差檯面整合，同一屋簷下的多元活動機能

空間設計暨圖片提供_構設計

雖然家中成員僅有男、女屋主兩位，同一屋簷下彼此的興趣與嗜好卻各有不同。設計師在10坪左右的客廳做了最大的坪效活用，窗邊沿著量體以高低差設計規劃出兼具臥榻、收納及桌椅機能的活動空間，為的是讓女主人能在此區域輕鬆閱讀、賞景；另一牆面則以落地式收納整合男主人大量的收藏，透過客廳牆體創造出能整合不同機能的空間，也串聯了一家兩口的情趣生活。

平面計畫

一字型沙發不倚牆而設，就能讓出大片收納櫃體以及窗邊多元活動區。

規劃策略

尺寸
桌體部分為標準75公分寬，櫃體部分為45公分，再以斜度打造45～60度斜角作為中央臥榻使用。

材質
以天然梧桐木皮櫃體串連收納、書桌和臥榻，以接近自然原色的材質強調家的舒適。

工法
以高低差的方式設計，較高量體作為書桌、較低量體作為收納，高低之間的斜面則是恰到好處的臥榻。

不鏽鋼旋轉電視牆，
兼具耳機、雜誌收納

空間設計暨圖片提供_Hao Design好室設計

位在屏東市區新大樓建案，透過客變的規劃，將業主喜歡的現代古典風格事先融入空間設計，於是有了圓拱窗型、歐式線板設計等現代語彙詮釋古典之美，並從餐桌、燈具沙發等方向一路延伸到窗邊臥榻，鋪陳引導至景的視覺方向性。同時運用150公分高的旋轉不鏽鋼電視牆，不但可供各空間使用，並在牆後做沖孔設計，可懸掛耳機、雜誌等物件。

平面計畫

開放式空間設計，僅以360°自動旋轉的不鏽鋼電視牆做區隔，並用一張主椅定義男主人聆賞與閱讀的書房場域。

規劃策略

材質｜全室運用不同層次的白做搭配，提升質感。

工法｜旋轉電視牆需計算好電動旋轉馬達的乘載重量，以及預留線路維修口。

尺寸｜為符合60吋壁掛式液晶電視，以及空間尺寸比例拿，電視牆設定高約140、寬160公分，厚度為30公分。

一字型多功能櫃，解放動線、生活更自由

空間設計暨圖片提供_新澄設計

將原本位於白色櫃體一側的電視牆轉向，與餐廚吧檯櫃結合，沙發順勢挪至臨窗處，如此一來隨即釋放出從玄關到客廳、主臥的L型動線，寬敞的空間感令坐臥、走動都能感到無比舒暢無壓。一字型量體主要具備電視牆、吧檯、餐桌、展示收納等複合式用途，當親友來訪時，無論是在這兒使用筆電邊聊天、品酒小酌與沙發區互動，享受輕鬆寫意的隨興生活。

平面計畫

將電視牆、沙發轉向，整合多重機能於一處，同時打開房間實牆、以玻璃滑門取代，令入口玄關至室內的動線更流暢，空間使用亦加彈性。

規劃策略

工法｜電視牆作好木作骨架後，再由鐵工現場丈量、加工施作，才能將不鏽鋼外皮完美貼覆。

材質｜整座一字型量體由系統板搭配木皮組構而成，電視牆部分則是木作打底、外貼不鏽鋼。

尺寸｜複合機能櫃體總長2米5，具備電視牆、吧檯、餐桌、書桌、收納展示等多元功用。

架高臥榻兼具客房、收納，以退為進還給生活更舒適的空間

空間設計暨圖片提供_構設計

在使用受限的小坪數空間中，與其絞盡腦汁用裝潢提升坪效，有時以退為進釋放空間反而更舒適！這個15坪的房子中，僅有單面採光，靠窗處作為客房後，客廳自然光線只剩廚房、陽台，設計師運用巧思將房間退縮，以玻璃門+窗簾取代牆面，把光還給室內，空間感瞬間拉大。房間內的架高臥榻多了收納儲物櫃，以及側邊設計兩面櫃，機能十足！

平面計畫

客房先縮減大小後提升坪效，就能在不減空間的使用下，瞬間釋放出客廳規模。

規劃策略

材質 | 選用超耐磨木地板材質，搭配梧桐木皮壁櫃，可坐可臥更能儲藏，極具機能。

尺寸 | 兩踏階形成40公分深的地坪收納，側邊厚度約20～30公分。

工法 | 以架高兩階作出地坪的空間層次，且增加隱形收納，側邊包覆大樑加厚成為雙開口式櫥櫃。

電視、玄關隔屏也是穿鞋椅

空間設計暨圖片提供_新澄設計

打開門便一覽無遺的住家格局,使用一字型隔屏作玄關端景,兼顧風水與複合機能。設計師調轉原本的沙發與電視牆方位,整合電視牆與玄關矮屏,讓此140公分厚度的一字型量體具備穿鞋椅、玄關端景、簡單收納與電視主牆多重功能。材質上以石材面系統板作面、搭配仿古石材收邊,節省施工時間與預算,達到簡約大器視感效果。

平面計畫

調轉客廳與沙發方向，同時拉直沙發背牆，打造方正廳區格局。

規劃策略

材質　量體外框為黑白根仿古石材，電視背板與沙發主牆相呼應、皆為石材面系統板材。

尺寸　雙面電視隔屏長2米7、寬140公分，以系統板作電視背板節省預算與施工時間，最後利用石材解決系統板的收邊問題。

工法　玄關穿鞋椅側需負擔一定載重，以1寸8角材作整體骨架，是一般9分的一倍粗，確保使用安全性。

書牆拉出樓梯，巧妙串聯滑梯

空間設計暨圖片提供_Hao Design好室設計

這間 42 坪的新成屋，一打開大門，眼前即是開闊明亮的閱讀遊憩區，設計師在屋內一角設計出小閣樓，復古感的暖橘色地磚畫出一方領域，並以溜滑梯將上下空間以趣味性的方式串聯，因應屋主想要的大量藏書空間，因此利用小孩子的閣樓樓梯，設計成可以移動收回到書櫃中，既多了收納，也省了樓梯佔據空間。

平面計畫

淺色木質地板鋪陳了溫潤自然的
樂活氛圍,通往閣樓的樓梯與牆
面加入大面積的收納功能,底下
則鋪上軟墊,隨著大面積的窗戶
將明亮光線帶入。

規劃策略

工法 | 階梯收邊條與樓梯收
拉時必須要使用固定
器,增加安全性。

材質 | 考量未來清潔
方便,書櫃及上
下閣樓的活動式
樓梯皆選用白色
美耐板。

尺寸 | 考量孩子身高及步伐,每階樓梯高度
約20公分左右,共8階,孩子在閣樓上
也能拿取書櫃最上端的書。

孩子的秘密基地三重奏！一體成型的衣櫃、臥榻、床

空間設計暨圖片提供_新澄設計

摒棄傳統分散擺放的衣櫃、床鋪、臥榻概念，小孩房就像有趣、獨立的私人領域，有著科技感十足的木作轉折造型。天花、牆面延伸床板的一體成型3D設計，涵括了寢區、臨窗遊戲臥榻、衣櫃機能；除了平台下暗藏的105公分深衣櫃，上方金屬橫桿亦能吊曬衣物，作擴充收納使用，令小巧的方寸之地，成為處處皆驚喜的高坪效機能場域。

平面計畫

調整原有廚房位置,將之外移置中、連貫廳區,分享空間感與前後光源。

規劃策略

材質　利用具科技感的純木作打造收納寢區,搭配水泥粉光硬體,達到簡潔大器的建築風視感。

工法　板材由天花、壁面延伸至床板,以8X4尺木皮貼覆,裁切轉折需注意木紋的連貫性,才能有一體成型的視覺效果。

尺寸　臨窗檯面下藏105公分衣櫃,可完整懸掛衣物,讓有限空間仍能具備完整臥房機能。

百變牆面隱藏餐桌椅、電視櫃，滿足多元生活需求

空間設計暨圖片提供_Studio In2 深活生活設計

此案為11坪的狹長型基地，擁有採光的窗戶只有單一窄邊。因此原始的隔間規劃使得客廳、廚房等活動空間昏暗，也更顯狹小。設計師不使用傳統隔間牆的做法，反而利用「匡」的設計理念，巧妙創造一個小空間裡還有另一個空間的感覺，並賦予客廳主牆面多重機能，包括餐桌椅、電視櫃、展示櫃、冰箱餐廚等一物多用。

平面計畫

狹長型的空間儘量增加櫃體機能的豐富度，廊道盡頭窗邊則以木框框住窗景，創造獨樹一幟的設計亮點。

規劃策略

材質｜白色烤漆櫃體呈現清澄感，搭配自然光的照射，以光線放大的空間。

工法｜統一以白色簡化櫃體線條，開放式展示櫃、密閉櫃與抽屜櫃的變化提升收納彈性。

尺寸｜牆體深度約65公分，內嵌電器線路及插座，餐（書）桌與兩張椅子內嵌壁櫃中，可彈性使用。

化零為整，雙面櫃創造迴旋動線

空間設計暨圖片提供_KC design studio 均漢設計

以一座雙面櫃切割出公共與私密空間，讓雙面櫃體除了作為隔間之外，也並提供強大收納，功能與風格並陳，並將天花的樑柱加以包覆，一體多用，化零為整，將雙面櫃視為室內的中心點，定義出環形空間動線，搭接溫和木料、花磚與灰色水泥地烘托搭配，帶出閒適的居家調性。

平面計畫

臥房、更衣室之間也規劃一道雙面收納牆，到時只需將門片關上，即可成就另一處獨立空間。

規劃策略

材質｜選用松木夾板呈現大器度的肌理，周邊佐以水泥粉光、提供視覺的轉換留白。

工法｜隔間櫃底部以角材固定於地面，確保穩固性。

尺寸｜進入臥房的推拉門片尺寸、經過放大量訂製，讓迴旋動線更加清晰可見。

雙面櫃是回字動線隔間，也是視覺焦點

空間設計暨圖片提供_謐空間

原本13坪空間被規劃成2房的需求，使得公共空間狹小而昏暗，且有許多畸零空間被浪費。因此破除原本格局改為一房兩廳設計，並依循動線由開放到私密的漸進原則逐一置入，並在狹長型的空間正中央置入一座雙面使用的櫃體，以鮮豔的黃色與不規則的門片分割，使之成為空間中吸引目光的重點，並且圍塑出一個回字型的廊道，將公共領域 私密空間、私密空間 衛浴、公共領域 衛浴等，做了更多層次的區分。

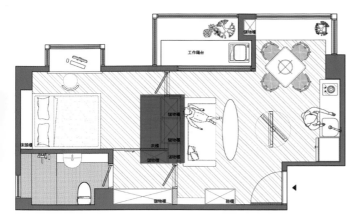

平面計畫

將原有的格局去除，保留衛浴空間，透過雙面櫃牆設計，創造出機能最完整的單身居住空間。

規劃策略

工法	櫃體表面採冷烤漆處理，並採木現場組裝。	材質	顧及要留左右90公分的通道，雙面櫃體均採用訂製木作。

尺寸	雙面櫃體深120公分，單側擁有60公分使用。

衣櫃兼隔間,清晰分界領域

空間設計暨圖片提供_KC design studio 均漢設計

在臥房、公領域之間,將收納櫃體結合牆體,作為隱私空間的過渡區,並利用霧面玻璃的穿透特性,讓視覺上可以無限延伸,消除狹迫封閉的視覺感受,藉著展示收納隔間的巧妙配置,不只創造公、私領域間的隱私分界,也滿足了屋主的衣物收納需求,再搭配深色調的中性詮釋,型塑個性十足的俐落風格。

平面計畫

將封閉廚房打開，型塑開放視野，公私領域則保有通暢動線，於深色調之中兼具空間感與機能性。

規劃策略

材質｜以黑色藝術漆營造亮澤感紋理，搭配霧面玻璃，保有視覺及光線的延伸。

工法｜天花板、牆面、櫃體呈現平整設計，並減少孔隙溝縫的產生，達到好清潔的要求。

尺寸｜將龐大衣物量等份置入三道櫃體、分別收納，並形成ㄇ字空間，專屬小更衣間於焉而生。

完美劃定格局的多功能牆

空間設計暨圖片提供_耀昀創意設計

一物多用的設計對挑高夾層建築相當實用，設計師先選定住宅中間地帶設計出一座多功能電視牆，同時也將屋內大樑收整在電視牆中；除了以木皮裝飾作為客廳電視牆，左下方規劃有內嵌電器櫃，木牆後方則規劃為父母房的衣櫃，以及二樓櫃體與桌面等設計，不僅增加更多收納機能，同時可以取代實牆，減少隔間量體，達到更好坪效。

平面計畫

2F　　　　　　1F

透過一道電視牆的設計，將屋內突兀大樑消弭，同時又可將是內切分為私密與公領域，讓格局大致底定。

規劃策略

材│選擇以木質作簡約而具流
質│動感的木飾牆，讓全室洋
　│溢清新溫暖的北歐氣息。

尺│為了提供收納機能，電視牆設計以
寸│35公分的深度，至於寬與高則約
　│220X270公分，增加客廳的定位感。

工│以內嵌方式打造電器
法│櫃，提供置物功能，同
　│時不影響整體造型。

拉齊牆面，鞋櫃是塗鴉牆、留言板

玄關落塵區的右手邊，正好為開放式空間裡的餐廳、廚房之廚櫃側面，因此利用此牆面設計一鞋櫃收尾，將牆面視覺拉齊，放上穿鞋椅，使機能更健全。並將整面牆漆上深綠色的黑板漆，做為家人留言板，也是孩子的塗鴉天地，更女主人留下食譜筆記本處，創造全家人隨興互動的空間。

空間設計暨圖片提供_Hao Design好室設計

平面計畫

開放式玄關設計，運用地坪材質及落差做區隔，而右邊的鞋櫃設計增加收納機能外，也為原本畸零牆面做視覺整合。

規劃策略

工法 | 鞋櫃上方開透氣孔，保持櫃子內部的乾爽與通風。

材質 | 塗佈黑板漆，統一鞋櫃門片與入口牆面。

尺寸 | 利用高245公分、寬120公分的鞋櫃，將廚具側邊收尾，也讓牆面更完整。

POINT

2

場域重疊，創造多一房

建商慣用的行銷賣點就是房數越多越好，事實上有些房間
並不需要獨立的空間，例如書房、客房、小孩房、遊戲室，
此時不妨運用移動隔間或是家具的彈性組合、架高通鋪手
法，讓一間房可以隨著使用者的需求靈活改變用途。

概念
01

活動掀床，一房抵兩房用

硬生生要規劃健身房、客房、休憩區，是最浪費坪數的作法，畢竟訪客留宿是使用率極低的用途，若是這樣的狀況，不如採取活動掀床的配置，平常開闊的空間能任意使用，臨時需要客房只要拉下床鋪，即是舒適的睡寢區。

概念
02

翻轉家具、坐墊，客廳變睡寢區

坪數受限就是無法闢出客房甚至是臥房，讓家具就像是變魔術般可以有多樣分身，例如沙發往前拉變出一張床鋪，沙發靠墊翻轉打平，客廳就能與和室延伸成大通鋪。

概念
03

架高通鋪是孩房更是遊戲區

傳統和室難以利用，問題出在隔間侷限與功能的單一化，利用通透玻璃做隔間，架高地面可衍生出家具 （餐桌椅、書桌椅），以及好拿取的收納空間，又能兼具孩子的遊樂場。

概念
04

可移動隔間，不只多一房還變大

書房、休憩區是最佳運用移動隔間的區域，平常把隔間全部敞開，不但空間視野變得寬闊，利用書櫃的推移，還可以彈性圍塑出獨立的客房。

是衣櫃、書房、也是客房，
打造住家版魔術方塊

空間設計暨圖片提供_工一設計

跳出舊有的養蚊子、堆雜物多功能和室迷思，利用兩兩相對的四個活動衣櫃、兩拉門設計，滿足書房、客房、甚至更衣室需求！首先打破無對外窗的昏暗更衣室隔間實牆，設計相對的活動衣櫃，以單側60公分深、240公分寬度的彈性空間為設計關鍵，平時移開一邊櫃體就成了簡易書房，一旦有客來訪即可淨空兩側、拉上拉門，馬上獲得一間私密感十足的客房。

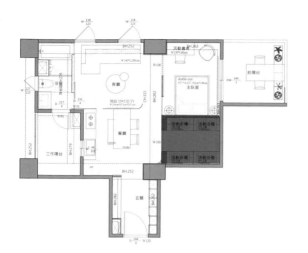

平面計畫

調整舊有兩房格局，打破無開窗的暗房更衣間實牆，讓傳統意義上的多功能室更加名副其實。

規劃策略

| 尺寸 | 兩個內嵌活動櫃體長240公分、深60公分，單面移走便能充當書房；兩面櫃體皆移走、拉門關起，加上過道寬度就是間獨立客房。 |

| 工法 | 總共四個木衣櫃，要精算尺寸才能密合內嵌、達到融為一體的視覺效果；下方設有活動小踢腳板，便於固定與移動。 |

| 材質 | 運用木皮染色整合所有量體，令視覺更加統一簡潔；鏤空玻璃點綴其間、搭配百葉簾，打破實牆密閉感兼顧隱私。 |

複合櫃體藏機關，客廳可休憩也能變出大餐桌

空間設計暨圖片提供_Sim-Plex 設計工作室

只有14坪的小住宅，如何兼具機能又能享有寬敞舒適的空間感？設計師巧妙利用大面窗景做出一道立體框架，讓電視就像是被放在一個木盒子裡一般，旁邊空出來的區域就是可休憩的小床，甚至還可以是餐廳的椅子。而餐桌就藏在大櫃子內，拉出一半是兩人使用，全長的拉出來是四人用的餐桌，不用餐也能單獨拉出吧檯使用，至於櫃子內與入口鞋櫃皆隱藏著一大一小的椅凳，可根據使用人數作彈性運用。

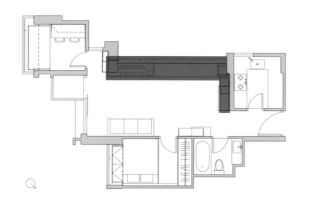

平面計畫

公共廳區屬於偏長型的結構，為提升空間的開闊性，與避免不必要的走道浪費，客餐廳規劃在同一軸線上，達到坪效的妥善發揮。

規劃策略

材
質 | 櫃體、窗檯主要運用木皮與局部淺綠色彩，打造自然清新的氛圍。

尺
寸 | 窗檯深度接近60公分，可隨興坐臥，櫃體深度約40公分，作為收納餐桌、餐椅。

工
法 | 餐桌、椅凳底部利用滾輪五金，達到輕鬆移動的效果。

是餐廳、起居室也是客房，擁有超強收納的多功能餐廚區

空間設計暨圖片提供_樂創空間設計

客房一定是坪效殺手、閒置空間代名詞嗎？那可不一定！設計師結合原本廚房與一房，局部架高處理，規劃霧玻、鋁製拉門，彈性開放設計賦予空間多功能，使其是廚房、餐廳、遊戲起居室，更成為親友來訪時的落腳處。其中架高區除了能充當一側餐椅外，還具備靠牆一整排的書架收納，木作下方更暗藏上掀櫃與抽屜，顛覆客房的既定印象，變身住家中機能滿滿的精華地帶。

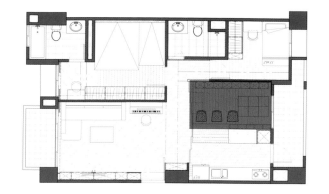

平面計畫

改變多房格局,將廚房與相鄰房間合而為一,搭配拉門隔間彈性開闔,活用住家每個角落。

規劃策略

材質 | 架高地坪為了上掀板日後能長久開闔順暢,特別選用超耐磨海島型木地板,兼顧磨損與防變形雙重考量。

尺寸 | 多功能區地坪內藏總面積150公分X90公分的6格上掀櫃,以及外側深度60公分的大抽屜,收納機能滿點。

工法 | 和室區架高35公分,可透過10公分的椅墊彈性調整、成為用餐空間的一部分,省下一側單椅空間。

拉起摺疊門，客廳就是舒適客房

空間設計暨圖片提供_禾睿設計

客房是一種平常很少用到，需要時又相當重要的空間，但小坪數住宅倘若非得保留客房規劃，變成是一種坪數的浪費。於是設計師在客廳牆面的局部立面，利用摺疊門以及搭配沙發床的概念，讓客廳不僅僅是全家休憩，摺疊門片一拉就是一間單獨的客房，而簡約俐落的電視櫃立面，以淺灰色調鋪陳，呈現純樸質感。

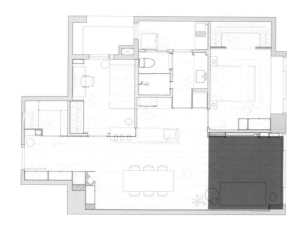

平面計畫

25坪中古屋透過格局重整，讓客廳空間完整方正，並結合活動式隔間爭取彈性多一房的機能。

規劃策略

工法｜摺疊拉門為連動式軌道，第一扇門片以L形切角設計，解決門片打開後面臨的大樑結構。

材質｜簡約俐落的淺灰立面，呈現純樸質感。

尺寸｜電視牆下方的設備櫃，借取衣櫃抽屜櫃的空間，爭取到45～50公分的收納。

彈性上掀床，客房也是瑜珈室

空間設計暨圖片提供_工一設計

住家空間有限，保留客房與否一直是在格局規劃時最讓人猶豫不決的課題！其實透過櫃體、五金的整合，讓大部分時間閒置的床鋪，也能巧妙藏起來，而釋出的空間就成為全家人皆能隨性使用的多功能健身瑜珈區。然而除了隱藏直立上掀床外，其實非窗台的三面牆皆為櫃體，上方清水模假樑亦可供上掀收納，機能滿分！

平面計畫

將原有房間格局改為主臥、獨立更衣間與多功能客房,讓住家有效減少閒置場域。

規劃策略

尺寸 | 多功能室約4坪左右,平時供女主人作瑜珈,有客來訪即可藉櫃上2公分隱藏鐵件取手、放下掀床,變身客房使用。

材質 | 室內塗佈清水模漆搭配木作,地坪選擇相近的灰色系磐多磨,將低素材種類、營造建築結構視感。

工法 | 木作以海島型木地板作櫃體表面材,擇其天然節眼紋理,原為1.8公分厚,為減輕重量與五金負荷,使用時需削薄至0.9公分。

複合式櫃牆與大比例餐桌，餐廳兼具工作區

空間設計暨圖片提供_禾睿設計

25坪的小坪數住宅，一方面必須保留兩房的規劃，然而屋主又有偶爾在家工作的需求，若是以獨立書房的概念，格局在過度分割之下將會變小、有壓迫感。因此設計師讓餐廳空間除了用餐也做為工作區，並利用結構柱體產生的凹角落差，創造出複合式用途的書櫃，轉角櫃體局部搭配開放展示，收納的物品變得多元。

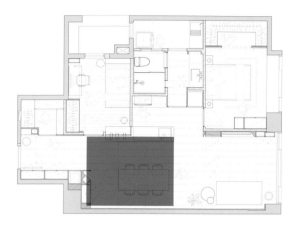

平面計畫

將原有餐廚配置對調,並拆除玄關短牆,將公共廳區的空間比例放大,創造出寬敞的生活動線。

規劃策略

工法 ┃ 櫃子內結合抽板與滑軌五金,讓多功能事務機的使用更為便利。

材質 ┃ 米色磚材由地面延伸至壁面,增加空間的一致性,視覺更有放大感。

尺寸 ┃ 鄰近餐桌的櫃體為30公分左右深度,事務機部分約為50公分深度。

現階段是客房、主臥休憩區，未來可彈性變上下鋪小孩房

空間設計暨圖片提供_路裏設計

新婚小家庭住宅最常面臨到的問題是，坪數有限之下，若是直接預留兩間小孩房，未來一間恐怕先淪為儲藏室堆放雜物，在這個家便發揮「隨生活階段可彈性變更的可能性」，兩小房整併為一大房，並採用架高通鋪、房門更換為寬度110公分的大拉門概念，現階段是南部長輩來訪居住的客房，平常拉門完全開啟，就成為主臥附屬的起居室，未來孩子出生即是嬰兒房、遊戲區，再大一點還能加上鐵件結構，創造出上下鋪用途，兩個孩子共享也沒問題。

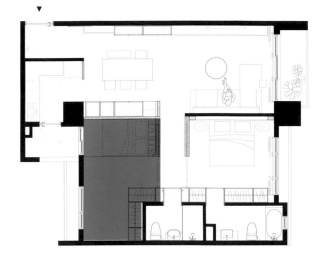

平面計畫

原始25坪新成屋配置三房兩廳，完全無法感受房子擁有的前後景致與採光優勢，將兩小房拆除合併為一大房，加上彈性拉門取代制式房門，賦予空間更大的使用彈性與變化，也帶來明亮通透的舒適氛圍。

規劃策略

工法｜新規劃的孩房隔間與櫃體皆特別加強骨料與板材厚度，未來就能直接鎖上鐵件結構，創造出上、下鋪的機能。

尺寸｜架高通鋪寬度155公分、長度接近270公分，足以放置雙人床墊，而地板下也有35～38公分左右的深度可收納。

材質｜架高部分的側面高度特別運用白與木皮做搭配，削弱厚實感受。

移開書櫃！變出獨立客房

空間設計暨圖片提供_懷特設計

屋主在現有格局之外，仍需要一間客房，為了滿足需求，又不想因此縮小其它空間的格局。因此，在開放書房中先規劃臨窗的休憩床區，同時將黑色書櫃設計為可移動式，在需要客房時，只需將書牆移出，再搭配走道上一道拉門，就可輕易變身為獨立房間。

平面計畫

將書房與客廳定位在同一區塊，並且將二者的機能先配置完成，最後利用書牆與拉門做出移動式隔間，避免不常用的客房淪為閒置空間

規劃策略

尺寸｜書櫃的高與寬均超過2米，賦予豐富的收納機能。

材質｜黑色書櫃以木作搭配黑色烤漆設計，營造厚實安穩的牆面感。

工法｜採用懸吊工法來移動書櫃，好讓空間如魔法般變化出不同用途。

一房兩用，書房兼居家健身房

空間設計暨圖片提供_iA Design荃巨設計工程有限公司

原先的三房兩廳，除了不符合使用習慣以外，也縮減了廳區坪數，並形成陰暗走道，藉由隔間的拆解，新增一間瑜珈室兼書房多功能室，不僅一房兩用，更輔以通透的隔間設定，當瑜珈室與客廳開放時，有如徹底坐擁一個全新的大客廳，在採光、通風與空間感之中，重新定義舒適生活。

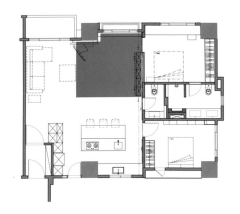

平面計畫

除了打開空間，也選用可摺疊式的彈性餐桌，不只網羅機能，更成功緩解走道動線的壅擠。

規劃策略

材質 | 以清玻為面材，黑色鐵件為架構做彈性隔間，讓兩面窗光可相互交流，並擴大空間感。

尺寸 | 精算軌道與溝縫細節，讓門片可完整隱納不留痕跡，落實更完整的開放型態。

工法 | 多功能室內的書櫃選用滑動式櫃體，將主臥開口隱於其後，如「消失的密室」般充滿趣味。

拉收床架之間，臥房變麻將間、遊戲室

空間設計暨圖片提供_合砌設計

25坪的2房格局，對一人居住或是往後成家來說看似足夠，然而屋主喜歡邀約朋友到家裡聚會、也會打個小牌，如何在坪數受限下，額外創造空間的利用性？設計師在與客廳相鄰的臥房選擇可收納式的床架設計，透過德國進口的特殊油壓五金，可以輕鬆拉收床架，讓臥房轉換為麻將間、遊戲區。除此之外，利用原本掀床必須預留的深度，兩側具備衣櫃、後方層架又能放置書籍雜誌等，著實增加許多收納機能。

平面計畫

取消客廳與臥房之間的隔間實牆,轉為採取電視櫃置中的設計,搭配玻璃拉門,讓兩區形成環繞式動線,如此即可享有最大值的進光量,也提升空間的寬敞舒適。

規劃策略

工法｜上掀床架使用德國品牌特殊五金,床頭後方為油壓五金置入的空間,恰好也成為睡前小物的收納平台。

材質｜將丹寧藍塗料色延伸至臥房,櫃體立面運用白色噴漆與局部木紋點綴,圍塑出清新溫暖的氛圍。

尺寸｜一般掀床大約需預留30公分的深度,此處刻意提高至60公分,創造出兩側衣櫃的機能。

懸吊式書桌，爭取多一房機能

空間設計暨圖片提供_奇逸空間設計

由於空間才9坪大，包含1廳1衛1房的設計，因此利用開放式設計公共場域——客廳，以懸吊式書桌，為空間爭取到1廳1衛1＋1房的機能宅。尤其是公領域結合書房與客廳機能，巧妙應用木地板做出內外場域分野，並使用帶有大理石紋路的磁磚鋪陳於牆面，並與懸空書桌一體成形，書櫃邊桌的收納櫃體與層板也為懸空設計，更巧用發光玻璃建材與金屬感鏡面彰顯前衛感，打造俐落、大器的居家感受。

平面計畫

客廳及書房採開放式設計，並以書桌界定彼此場域。書桌本身也扮演餐桌、化妝台功能。

規劃策略

| 尺寸 | 書桌與玻璃層板長皆為120公分，層板採懸吊且搭配LED燈，視覺更為輕盈。 |

| 工法 | 書桌白色鐵件鋼骨及玻璃層板、書桌旁的收納櫃均採嵌入牆面的懸吊設計。 |

| 材質 | 書桌以鐵件做骨架支撐，表面則用貼石材薄片做包覆，與沙發背牆面材相互呼應。 |

過渡空間兼具遊戲室、書房多元機能

空間設計暨圖片提供_禾光室內裝修設計

小孩房最常面臨到的問題是,男女有別、還得思考彼此的閱讀空間,不過這間27坪老屋改造,卻能讓孩子們擁有舒眠區、遊戲區,甚至還有共享的大書房!最厲害的就是設計師將一大一小的孩房重新調整為2間單純睡寢的臥房,臥房之間的過道區域以多功能室為串聯,類似書院造的架構安排空間,目前是接待小小親友的遊戲區,將來就是彼此共用的書房,讓孩子們可以一起遊戲、讀書,培養手足間的感情。

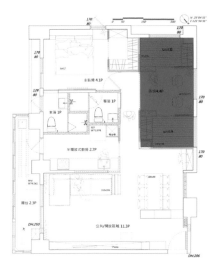

平面計畫

孩房調整為左右純粹睡寢功能的臥房，中間則是多功能空間，同時也是通往房間的過道，兼具數種用途，反而更省空間。

規劃策略

工法 | 孩房門片皆採取樺木合板作滑門設計，更能省下門片開啟的迴轉半徑空間。

材質 | 藍色書櫃特別選用無毒環保沃克板，給予孩子安全健康的居住品質，淺灰橡木地板與樺木門片也帶來自然溫馨氛圍。

尺寸 | 多功能室預留228公分的寬度，未來也能調整為專用書房，足以放下倆人共用的書桌。

13 賺1坪 Case study 複合中島整併用餐、收納，創造超高坪效

空間設計暨圖片提供_禾睿設計

16坪的小坪數住宅，對屋主來説，最重要的是空間尺度的舒適性以及機能滿足。由於僅有一人居住，餐廳的使用頻率並不高，因此選擇將餐廚合併，玄關進入後直接運用中島吧檯整合用餐、收納與展示，吧檯內側是廚櫃，吊櫃結合展示與杯架，外側吧檯立面還特別加入斜角設計，更能舒適擺放雙腳，掌握每個細節拿捏，機能整併也無須委屈。

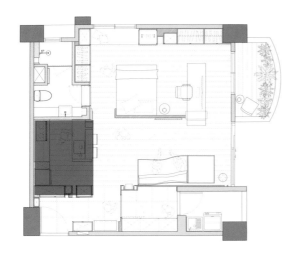

平面計畫

廚房由原本入口右側挪移至與客廳串聯,透過開放水平軸線,拓展小坪數的開闊性。

規劃策略

工法　懸吊鐵件預先與原始天花結構做接合,確保量體的承重與穩固性。

材質　懸吊櫃體使用線條細緻的鐵件材質打造,創造輕盈視覺感受。

尺寸　水槽檯面稍微縮減至50公分,外側用餐桌面大約為25公分,一人使用綽綽有餘。

兼備收納、展示與化解風水的多功能隔屏

空間設計暨圖片提供_禾睿設計

提升坪效最簡單直接的方式,就是發揮一加一大於二的概念,兩房兩廳的住宅空間,玄關入口矗立著一面展示牆,既是解決穿堂煞的隔屏,同時也賦予充足的收納機能,木作、鐵件穿插構成的量體,刻意留出縫隙,透過折射產生一道道光束,讓入口區域能保持明亮,最右側櫥櫃則搭配門片式設計,令視覺有層次變化,也拉大橫向尺度。

平面計畫

入口利用一道隔屏的設立，避免大門直接面向落地窗，也一併做出動線引導，隱性界定玄關範疇。除此之外，更延續這道隔屏的立面設計，整合修飾大樑與客廁入口，並巧妙做出隱性的場域區隔。

規劃策略

工法	開門式門片以線形溝槽做為取手，讓量體線條簡約一致且俐落大方。

材質	利用鐵件、木作交錯創造鏤空線條，降低空間的封閉與壓迫，也化解陰暗。	尺寸	櫃體深度約35公分左右，書籍、鞋子都能收納。

拉闊廊道，可開闔的兒童遊戲場域

空間設計暨圖片提供_奇逸空間設計

位在頂樓複層住宅，屋主希望能打造友善的親子互動空間，因此考量空間的垂直關係，將公共場域對半切割，客廳在樓下，將餐廚空間及工作機能移至樓上。於是從一進門以黑色牆面做出連貫感設計，串聯起玄關與客廳，並捨棄電視牆，改採隱藏式投影布幕，讓孩子遠離電視；孩子房以彈性門片做出界定區隔，將通道規劃為小小的遊戲區，通道櫃面上做出挖空設計，營造童趣畫面。

平面計畫

孩童閱讀及遊樂區域設定在一樓，臨客廳處，以方便夫妻照料，同時利用軟調的地毯及摺疊門，界定場域，必要時也能各自獨立。

規劃策略

工法｜圓洞大小以木工圓形切孔機器做切割。

尺寸｜廊道高度與樑下齊約220公分，寬度約280公分，正好符合兩片摺門寬度。

材質｜廊道鋪設地毯拼接，與公共廳區劃分，孩子玩樂更舒適安全。

臥房、書房共享，空間感加倍放大

空間設計暨圖片提供_禾睿設計

將主臥房設計整合書房，並運用半牆設計區隔睡寢區和書房，加上鐵件框架搭配木作的大面書牆，為書房帶來豐富的藏書容量，左方淺灰櫃體則加入抽板設計，妥善隱藏事務機設備。床頭板嵌入一字型鐵件框架，除了透過比例分割創造變化，還可以提供放置如眼鏡、手錶等小物件，而右側延伸的低檯度平台，更是實用的床頭邊几。

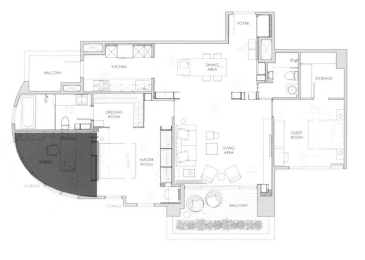

平面計畫

在床位與書桌座向限制的情況下，捨棄實牆隔間的劃分，運用空間整併的概念，讓臥房獲得大面採光與景致，創造加倍放大的視覺效果。

規劃策略

材質｜鐵件框架內置燈光照明，線性光源增加夜晚氣氛。

尺寸｜床頭板高度拉至110公分左右，讓睡寢區更有包覆與安全感。

工法｜床頭板和書櫃未貼齊、鏤空脫縫設計，讓視覺維持延伸通透。

複合機能場域，書房餐廳都適用

空間設計暨圖片提供_樂沐制作空間設計

空間給予簡潔設計，回歸實質機能取向，不刻意定義區塊屬性，像是於客廳沙發後方安置複合機能區塊，配置一長型桌體，並於後方牆面規劃收納書櫃，讓場域兼具用餐與閱讀功能，搭配天地壁的層次變化，以及美好採光進駐，營造出溫馨氛圍，衍生帶有層次感的生活風景。

平面計畫

公領域以家具位置分配區塊，並講究具餘裕的走道空間，保有通透佈局與流暢動線。

規劃策略

工法｜書櫃做出斜線切割，兼具封閉式收納與展示意義，把日用品與書籍集中置放在此。

尺寸｜餐桌檯面加長延伸，將另一端作為電腦書桌使用，檯面底部亦結合收納，一體多用。

材質｜使用深淺各異的木紋做搭接，減少突兀的色彩表現，體驗敞朗明亮的居家體質。

巧用拉門，書房變身
起居客房

空間設計暨圖片提供_iA Design荃巨設計工程有限公司

作為單身宅使用的30坪居家，既有的兩房顯得多餘，於是將其中一房改為開放書房，將隔間予以拆除，配置彈性拉門，變為多功能起居書房，同時餐廚位置挪至與客廳同一軸線，展現開闊尺度，透過開放格局與拉門的設定，讓單身宅除了自住之外，也成為與親友聯絡情誼的會客小廳。

平面計畫

拆除廚房及一房的隔間,讓整個廳區可方正展開,促成光線深入,並延伸寬闊尺度。

規劃策略

工法 | 書房規劃彈性拉門,房內更暗藏主臥入口,在層層機關之下,締造人性化動線。

尺寸 | 沙發座面寬度訂製為單人床尺寸,可充作床鋪使用,讓書房隨時可轉為臨時客房。

材質 | 書房拉門採用玉砂玻璃,透光不透視的霧面設計,隨時保有個人隱私。

電視牆橫移現出完美收納牆

空間設計暨圖片提供_懷特設計

黃色裝飾主牆是公共區電視牆，同時也是收納量強大的機能牆面，設計師巧妙將電視牆藉由軌道作可橫移設計，使電視不再被固定在某一點，可以隨著家人主要活動的地點變化來決定電視牆位置，無論在客廳、餐廳或書房都可以獲得最好的收視觀點。另外，電視牆後端有收納櫃與琴房，只要移開電視牆即可打開櫃門取放物品，省下不少空間。

平面計畫

因電視牆橫移時會影響動線，須配合空間拿捏尺寸，另外，琴房採用嵌入式設計，平日可完全收在櫃內，相當省空間。

規劃策略

材質 | 借重鐵件輕質堅固又具有可塑性的材質特色來打造電視牆，同時也與室內風格契合。

尺寸 | 櫥櫃櫃體與琴房的尺寸均需事先精準計算，並與軌道電視牆作搭配，避免互卡情形。

工法 | 可移動式電視牆是採用上方懸吊式設計，橫移方便且不占空間。

移開L玻璃門讓遊戲區更大

空間設計暨圖片提供_懷特設計

　　為了給予孩子有更多的遊戲活動空間，屋主希望家中盡量能減少隔間牆，讓格局更自由，但又擔心廚房完全開放有油煙外溢的問題。因此，在中島餐廚區利用一座中間固定、左右可移動的玻璃門作出區隔，其中，在餐廚區與客廳孩子遊戲區的L玻璃門平時可移動貼近中島，讓出更大的遊戲區給孩子。

平面計畫

為了讓遊戲區放大，同時保持餐廚區完整性，L型拉門採可移動式設計，使二空間可被重疊使用。

規劃策略

尺寸 | 將大片玻璃門分割為三片，除中間為固定式設計，左右片在移動上更為方便靈活。

材質 | 玻璃搭配鐵件打造的L型玻璃門即使關上也能有穿透的視野，讓空間更明快。

工法 | 左側L造型玻璃門接合處採透明設計，既可包覆餐廚區，也不遮掩視線。

廚房、書房、餐廳多合1，
打造專屬V.I.P.包廂

空間設計暨圖片提供_樂創空間設計

為了同時喜愛下廚招待親友與線上遊戲的屋主，設計師打破舊有格局中的一字型廚房與獨立小房間的實牆，將兩者合而為一，使用鐵件、紐西蘭實木打造共用、延伸桌面，讓20小宅的生活重心轉移此處，讓這兒除了擁有烹調、用餐、書房機能外，更變成獨一無二的V.I.P.包廂，達到1+1>2的加乘效果！

平面計畫

拆除廚房與書房實牆，設置此處與走廊間的雙面櫃體，規劃最適合屋主生活習慣的夢幻場域。

規劃策略

尺寸　廚房走道寬度拉大設置為110公分，連冰箱相鄰的較窄處，也微調桌面尺寸、維持錯身的舒適、安全性。

工法　書桌、餐桌皆採工廠按圖施作、現場組裝方式，為能保證工程順利進行，除了力求尺寸精確，鐵件架構也有預先暗藏彈性伸縮結構提升容錯率。

材質　餐桌與書桌採用紐西蘭松木打造而成，搭配架高賽麗石餐檯，骨架則為鐵件。

玄關連結陽台，打造
陽光下的孩子王國

空間設計暨圖片提供_一它設計 i.T Design

「喜光」，是設計師給這個家取的名字，這個空間雖略為狹長，但大門處窗口面光區，原為陽台外推區域，有著明亮光照，設計師索性讓出空間，只以開放式白鐵件櫃體簡單收納衣物、居家生活雜貨，讓光照在家中暢行無阻，窗下小空間同時打造成孩童的小小遊戲所，讓孩子與陽光、植栽一同成為空間中最甜美的生活端景。

平面計畫

大門逆向空間作為小孩安心玩樂場所，順向入門處則以半腰式收納界定場域，也讓小坪數空間因櫃體矮化創造舒適寬敞的視野。

規劃策略

玄關處僅以120公分短櫃收納鞋類物品。 | 尺寸

材質｜開架式輕鐵件白色層架，立地頂天卻不構成任何視覺負擔，隨時吊掛就能型塑Life Style隨性的生活感。

工法｜由於設定為兒童遊樂空間，設計上少即是多，避免多餘裝潢，僅以簡單軟裝進駐搭配水泥大樑，若有似乎描繪自然生活。

複合櫃牆連結廚具，收納與空間的極大化

空間設計暨圖片提供_PSW建築研究室

在生活密度擁擠的都會區，若只能購入小坪數住宅，是否有可能滿足機能與充足的收納，這間僅僅10坪的微型住宅做了最好的詮釋。設計師將所有收納、甚至廚具、衣櫃集中在屋子的左側牆面，深度控制在50～55公分之間，透過分割比例賦予不同的儲物機能，例如一進門的格狀劃分，是書牆、展示，讓客廳身兼閱讀與起居等多元功能，通過樓梯往下進入餐廚空間，則是轉換為具有門片形式，且與廚具做為整合，長型門片收納行李箱或是換季家電絕對不成問題，樓梯還能左右移動，方便拿取櫃牆較高處的物件。

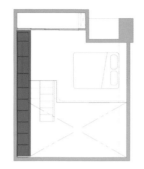

平面計畫

將局部夾層邊緣內縮，利用收納與機能最大化的處理手法，加上俐落通透的線條結構，釋放出空間的寬闊性，上層2米的高度，同樣能舒適地站立使用。

規劃策略

材質｜運用最原始的材質，未上漆樺木夾板構成櫃牆主體，打造純淨清爽的氛圍。

尺寸｜櫃牆深度約50～55公分，賦予所有物品的收納管理。

工法｜櫃牆全部採木工訂製，由於直接以原始材質裸露且未收邊，木板直、橫向尺寸與洗洞把手都必須很精準地對齊。

百變地坪結合家具、收納與遊樂，帶來更多可能

空間設計暨圖片提供_構設計

35歲的老房子總共撫育了四個世代，屋主是最年邁的90歲老奶奶，另外祖父母、父母共5人一同居住，在外工作的第四代年輕人則在假日時才會返家。長輩們在此累積了數十年的回憶，空間上需要大量的收納，於是增加了儲藏室的數量，更將客房置入全面性的收納空間，牆面、地面中可變化出桌子、櫥櫃與抽屜等，如此把家的收納效能發揮到極致，偌大的空間還能成為孩子的遊戲場。

平面計畫

既需要擴增收納，又得提供偶爾返家的家人住宿需要，將活用地坪的隱形空間最能一舉兩得！

規劃策略

工法 | 視需要規劃立面櫃體內的層板、抽屜；地坪中的自動升降桌、上掀式櫃體，使用起來毫不費力。

材質 | 立面則以系統櫃打造，櫃門開闔皆有油壓棒式五金作緩衝，安全無虞。

尺寸 | 地面櫃體約30～45公分深，能收納大型物件，油壓棒式的五金確保開闔使用時順暢使用。

滑梯、臥榻，客廳是孩子的遊樂場

空間設計暨圖片提供_Hao Design好室設計

夫妻倆希望家裡整個空間是以孩子活動場域為主要考量，讓父母能關注孩子每一個成長階段，於是把客廳變成「閱讀遊憩區」想法逐漸形，劃分一塊做為孩子的溜滑梯跟閣樓區域，而下方的臥榻則是媽媽說故事的地方，溜滑梯是活動式卡榫可以收起來，讓陽台空間變更大。並利用陽台角落種花及架設鞦韆上，看著老婆與女兒一同彈奏鋼琴時，關於家的風景夢想都眼前。

平面計畫

家中的溜滑梯採活動式設計,運用卡榫可收放自如。增加陽台空間而設計的鞦韆,伴隨錯落擺放在植栽更是裡美好端景。

規劃策略

材質 | 閣樓採用合板加上白色噴漆,溜滑梯則是運用松木夾板,為空間帶來自然輕鬆氛圍。

工法 | 松木夾板加上護木漆塗裝表面,刮傷較不明顯。

尺寸 | 以孩子的身體尺度為思考,滑梯長度為290公分,搭配60公分寬度,160公分高度,讓大人可顧及孩子上下的安全性。

客廳結合開放書房也滿足大量收納

空間設計暨圖片提供_構設計

由於屋主年屆高齡,家裡人口又多,設計師將客廳作為公領域的生活重心,透過格局與動線,在同一場域中創造最多元的運用。規劃上,大門處增設玄關櫃同時也是電視牆面,增加隱蔽性外也能創造回形雙動線;一字型沙發前挪讓出了沙發背後的閱讀空間,同時增設造型展示櫃,多元收納屋主藏書與各式收藏。

平面計畫

人多、需求多的空間,透過牆面、地板架高及一物多用的手法,則能創造空間層次,連帶提升坪效。

規劃策略

材質｜立面櫃體以大量梧桐木皮及白色烤漆穿插,以溫暖的材質感描繪家的溫馨。

尺寸｜高200公分深30～40公分的玄關櫃體前後皆有機能,不至頂的設計既能界定場域又不增加壓迫感。

工法｜沙發半牆後方架高45公分,同時取代椅子,坐下即能就著桌子閱讀。

拉門、摺疊門，開啟客房、健身、孩房用途

空間設計暨圖片提供_Studio In2 深活生活設計

公領域中不難感受空間使用的高度自由，設計師以水泥粉光幾何設計的沙發背牆作為中心點，後方結合書架、衣櫃收納的橫拉門設計，保留兩邊通道，營造「回字型動線」，讓場域顯得通透寬敞。小孩房預留使用，但在特殊拉門、摺疊門結構下透過開闔調節，能有客房、休憩區、健身室等多重變化，因應現階段的需求創造多元用途。

平面計畫

回字動線區首先界定了室內公領域的核心規模，再順勢向四周延伸，小孩房門片彈性變化下，核心規模隨時都能依需要倍增！

規劃策略

工法｜多功能室以橫拉門與摺疊門取代隔間，關閉房間內以臥榻取代床架，坐臥皆宜，一物多用。

材質｜超耐磨木地板、磨石子地坪作為窗邊陽台與室內空間區隔，搭配水泥粉光牆型塑樸質氛圍。

尺寸｜摺疊門全長約280公分，以4片門板構成，自由開闔活化空間的便用度。

架高平台是起居休憩區，也是實用餐椅延伸

空間設計暨圖片提供_謐空間

坐落在市區山邊的22坪長型小屋，門口為綠意盎然的迂迴小徑，因此
室內空間能大量減少繁複的設計元素，透過材料本身的紋理接續外在環
境，除了將大面展示櫃結合落地窗戶，將窗外的景致引進日常生活空間
中，客餐廳結合成一區，並與架高休閒平台的起居空間結合，並順應原
有屋頂形式拉高的山形天花板，提醒著生活該放慢步調、享受恬靜。

平面計畫

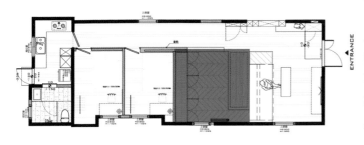

以餐廳過渡客廳及起居空間,利用雙面沙發及起居架高地板,成為餐廳坐椅,並搭配摺疊門及拉門,活化起居空間。

規劃策略

材質｜大量溫潤的原木質感,以人字型拼貼,搭配暖色調鋪陳,創造自然親密的對話。

工法｜利用山形屋頂懸吊鋁架軌架設計摺疊及拉門,活化起居空間,並在軌道上方與天花之間鏤空保持通風採光。

尺寸｜架高45公分木地板,正好是250公分木長桌的座椅,以容納最多人數。

架高劃設孩房連結主臥，
有限坪數延伸出無限機能

空間設計暨圖片提供_構設計

僅10坪大的空間裡得包容兩房兩廳，提供一家三口的生活，每寸空間都
必需要發揮最大坪效！設計師在客廳與主臥作了大量場域重疊的安排；
特別是臥房側邊以透明玻璃拉門隔出孩子的獨立空間，地坪架高可作收
納，上方亦有大量收納空間；主臥衣櫃以雙面機能作設計，另一面為電
視櫃，充分運用所有空間。

打破格局的開放式設計能為
小坪數帶來更多空間應用，
客廳結合書房、餐廳與玄
關，臥房結合大量收納與兒
童房，透過重疊使用概念，
創造如3房的機能。

規劃策略

工法 | 充分運用上下空間作收納，玻璃的穿透性使自然光在臥室暢行無阻，增大空間視覺。

材質 | 玻璃拉門能減輕立面的視覺重量，加裝窗簾就能解決隱私問題。

尺寸 | 小孩房架高30公分，成為各種書籍雜物的收納空間，室內高度扣掉上下櫃體仍有180公分，對小孩而言並沒有太大壓迫感。

185

夾藏遊戲閣樓的超能書房

空間設計暨圖片提供_耀昀創意設計

家有學齡小孩的家庭常因需要書房，同時又想要遊戲間而陷入設計兩難。為此設計師將書房以上下分割的方式設計，在同一平面空間中夾帶設計了專屬閣樓，讓多功能書房不僅能擁有大量的收納機能，增設的夾層空間則讓孩子們享有閣樓遊戲區，最棒的是在通往閣樓的樓梯下方位置用來打造書桌，保持固定書桌區的書房機能。

ENTRY

平面計畫

書房與遊戲區屬性接近,加上孩子未來變動性較大,因此可將二者同步規劃,日後也可一起改造。

規劃策略

材質｜利用大量原木與白色基調,打造柔亮色調。

工法｜以鐵件在夾層作出護欄確保安全性。

尺寸｜一樓考量舒適度及使用性維持195公分高度,閣樓則為140公分高,作為孩子遊戲區剛好。

架高設計，整合床鋪、儲藏與更衣室

空間設計暨圖片提供_謐空間

在這個僅有9坪大的單身住宅，透過空間的垂直及水平延展，並利用精巧的設計與尺度安排，將客、餐廳結合沙發區域，以提供用餐及工作機能的高吧檯劃分。同時，利用挑高3米2高度，上層為睡眠區床鋪，下方留出的空間規劃為儲藏室及更衣室，並與廁所隔間牆收整為平面，解決收納空間不足的問題。

平面計畫

藉由空間垂直向上拉伸,並將機能重新定義整合,創造小空間的豐富機能及視覺層次。

規劃策略

材質｜利用淺色系木紋,搭配鏡面反射與不鏽鋼面材樓梯,創造出厚重與輕盈相互揉合的對比。

工法｜閣樓採內裡結構不鏽鋼管做骨架,外面再包覆木板,強化結構。

尺寸｜利用3米2挑高,將180公分高留給下方儲藏空間進出,樓上高度則剛好為坐臥起身。

189

一牆衍生琴房、家庭劇院

空間設計暨圖片提供_耀昀創意設計

需要客廳、也不能少掉琴房,同時又希望能有大螢幕的家庭劇院,這麼多需求能夠一次實現嗎?在僅有24坪的住宅中,設計師以共用場域的概念在落地窗旁定位出客廳,同時將沙發對面的牆面安排鋼琴置放區,左側則有玻璃牆櫃增加收納;至於家庭劇院則是利用落地窗上方設置可收起的投影布幕,如此客廳與餐廳的座位區都可順利觀賞。

ENTRY

REF

平面計畫

先將須定位的沙發區與鋼琴區分至於兩側,而窗邊則配置可收納的投影布幕,可避免採光受到遮擋。

規劃策略

工法｜電視線路預留在牆後,右下櫃體也收整設備器材。

材質｜素雅白牆凸顯美式輕古典風格,並將琴房區鋪以淺綠漆色增加變化性。

尺寸｜由於空間有限,設計師提醒需於一開始就先掌握所有物件尺寸,才能順利完成設計。

Case study 33 賺2.7坪

機能已達上限！1.3坪雙層客、書房

空間設計暨圖片提供_新澄設計

1.3坪能怎麼規劃？在這個想像中大概只能容納一張床的彈丸之地，除了屋主指定的客房用途，以夾層方式將下方塞入書桌、收納小格、穿衣鏡、衣櫥等機能，用C型鋼、6mm薄鐵板搭配木作，在保障使用安全前提下，極力壓縮建材厚度，爭取每一分可利用的細微縫隙。

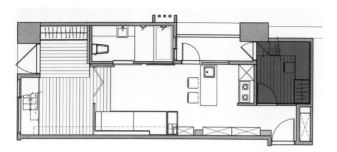

平面計畫

新成屋住家打破實牆，令自然光源能照進室內，13坪小空間看起來更敞朗舒適。

尺寸 | 1.3坪客房空間作出書房、客房雙層機能設計，極力善用每一分坪效。

規劃策略

材質 | 夾層以C型鋼、工字鐵作骨架、扶手，搭配木作打造櫃體與書桌，兼顧美觀與安全。

工法 | 利用6mm薄鐵板配搭格子木作組構收納樓梯，保障載重、節省空間。

POINT

3

畸零角落再利用，擴充收納

空間無可避免的柱體、樓梯下、大樑下，看似難以利用的
畸零角落，藉由臥榻整合收納，或是將畸零區域規劃為書
牆、電視櫃或是儲藏室等設計巧思，反而能為一個家擴充
許多收納機能。

廊道融入機能更實用

傳統思維住宅的走道,僅僅於串接通往各場域的行走,走道的產生反而是一種無用的空間,將居住行為直接規劃於廊道上,例如以中島吧檯設置,或是置入櫃體框架,就能縮減走廊區域,減少不必要的浪費。

結構柱體成書桌、收納櫃

結構柱體通常有30公分左右的厚度,利用柱體厚度拉出整齊一致的軸線施作櫃體,就能巧妙修飾柱子,又能讓收納量激增,或者是延伸柱體圈劃出開放書房場域,也是一種有效利用空間的做法。

樓梯下打造書牆、儲物、電視櫃

樓梯下是最常見難以運用的畸零角落,而這並非只出現在大宅,有些複層空間也經常出現這樣的問題,樓梯下的規劃方式很多元,可以是一間獨立的儲藏室、或是整合電視櫃,以及規劃為書牆、展示層架,就能為空間擴充收納量。

臨窗變臥榻,兼具休憩收納

許多住宅臨窗處會有大樑橫亙,或是面臨無法更動的結構柱,此時不如利用這個空間規劃為多功能臥榻,臥榻下可增設收納,或是上方規劃移動式茶几,形成雅致的喝茶角落,抑或是打造為懸空座椅,機能更為多元。

將粗柱化為造型，合併雙L餐廳、書房

空間設計暨圖片提供_工一設計

80公分X80公分正方形柱體是位於餐廳、書房區閃不開的結構量體，設計師順勢規劃純白平台、燈具環繞其上，同時運用清水模漆弱化、收斂柱體存在感，令設計難點反而變成住家特色所在。空間中存在著大型雙L，一個是水平環繞柱體的420公分大平台，長邊為餐桌、短邊為書桌用途；另一個則是從柱子連結垂直拉出同色系木作收納櫃、同時兼具平台支撐功能，成為空間設計的隱藏趣味彩蛋。

放大、整合客餐廳、書房等公共場域,將整道延伸衛浴的電視牆面後退30公分,釋出過道與空間餘裕。

規劃策略

工法 | 為了減少多餘線條,白色燈具由上方水平一股作氣轉折、延伸至地面,轉化為整個L型檯面量體的支撐柱。

尺寸 | 順應80公分X80公分正方形柱體環繞打造長420公分大平台,長邊設定為餐桌、短邊則為書桌。

材質 | 人造石桌面搭配轉折白鐵燈柱,同時將立柱刷飾清水模漆,利用色彩、質感對比,達到視覺上的凸顯與退縮效果。

樓梯轉角置入框架，
打造孩子的秘密基地

兩層樓計70坪空間，之前因為樓梯動線不佳，使得空間坪效不好，因此將樓梯移至中央，沙發背牆後面，設計成透空的樓梯質感，讓視覺輕量化，同時串聯上下樓的動線，更可維持美好的垂直互動，讓樓頂的光線能直射至樓下空間。並利用樓梯下方的畸零空間，設計孩子最愛的遊戲間，充當祕密基地。

空間設計暨圖片提供／奇逸空間設計

平面計畫

樓梯移至空間中央，串聯上下垂直關係，透過玻璃扶手及輕量化梯體設計，讓樓上的採光得以進入樓下空間。

規劃策略

尺寸｜祕密基地盒子長寬高約為130X190X100公分，內部鋪上軟墊，成為孩子最愛捉迷藏的寶地。

工法｜用鋼構鐵管結構支擾樓梯重量，並與木作結合。

材質｜祕密基地運用6公分厚的鋼構做樓梯支援外，再用木作包覆噴漆處理。

雙軸長椅建立親密新關係，消弭無用角落

空間設計暨圖片提供_懷特設計

將不同軸線的客廳與餐廳座位區，以二張長椅作L型串聯設計，使二區緊密結合進而放大了空間感，減少中間畸零無用空間的產生，同時也增加更多座位區，讓空間的使用型態打破以往客廳歸客廳、餐廳歸餐廳的傳統模式，增加更多使用區域，也增進互動關係。

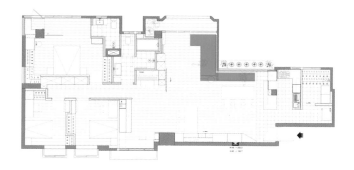

平面計畫

將餐廳與客廳二區作合併考量，不僅消弭了雙區的界線，讓客廳與餐廳的腹地雙雙都變大。

規劃策略

尺寸　客廳沙發為單邊扶手的三人座尺寸，但在右側採無靠背設計，恰可串聯餐廳區的長椅。

工法　客廳沙發為量身訂做款，方便於移動更換，而餐廳區則是固定的木作設計。

材質　客廳與餐廳採不同顏色的布面沙發，除了界定出二區空間外，也考量到餐區較容易髒汙的維護問題。

凸窗打造休憩平台、
單人床與超強收納

空間設計暨圖片提供_Sim-Plex 設計工作室

在實際14坪的極限狀態下，次臥足以分配到的坪數不到2坪，不過設計師巧妙利用建築物獨特的凸窗，以木作打造休憩平台，亦可做為一般單人床使用，臥房除了配有書桌與書架，書架上方牆面也充分運用高度，額外增加一處收納櫃，而平台鄰近窗戶的地方，也藉由窗檯本身的凹位結構，創造多20公分的收納機能，徹底發揮麻雀雖小、五臟俱全的設計。

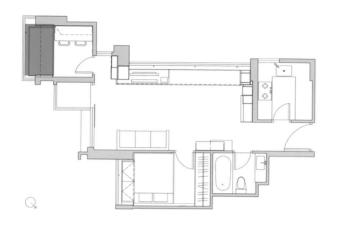

以公寓窗景為格局配置
思考，次臥同樣享有綠
意景致，並利用窗框為
設計主軸，創造出與外
部自然景觀的和諧與寧
靜。

規劃策略

尺寸｜床鋪架高大約50公分，寬度約90公分，為一般單人床的尺度。

工法｜為解決小空間的開啟問題，架高產生的收納採用滑門設計，方便使用。

材質｜運用帶有自然鮮明的木紋為主要材料，與戶外景觀氛圍相互呼應。

05 賺0.5坪 Case study 邊緣空間變成超好用工作區

空間設計暨圖片提供_懷特設計

床鋪到窗邊的距離說大不大，但放著也是浪費，成為名符其實的邊緣空間。因屋主希望在房間有工作區，於是決定將臨窗處的空間規劃成長形書桌區，搭配右側牆面層板可收納書物、營造端景，長形桌區更是實用又不占空間。另外，左側櫥櫃區特別搭配開放層板作成書櫃，讓書桌區的功能更強大。

平面計畫

窗邊空間因狹長不好使用，設計師將其規劃為長型工作區，在不影響動線與床頭面寬的情況增加一實用空間。

規劃策略

工法｜鐵件層板纖薄、高硬度的特性，加上特殊的固定工法讓牆面看起來更俐落有型。

尺寸｜超過300公分的長桌不僅可以作為書桌使用，更可成為置物端景，相當好用。

材質｜桌板採用金屬美耐板，增加窗邊耐候性與質感，牆面層板書架則以鐵件打造。

06 賺1坪 Case study 柱體間的畸零地，變身小書房

空間設計暨圖片提供_KC design studio 均漢設計

置入開放概念，打破傳統封閉隔間，重新詮釋人與空間緊密共存的依賴感動，加以鄉村風的溫暖調性與建材，讓居室盈滿兒時記憶，乍看分成三室，應用上卻渾然一體，同時將沙發後的留白空間打造成開放書房，不僅化解樑柱的尷尬與畸零的浪費，也締造公領域互動感十足的生活型態。

平面計畫

開放式廚房、ㄇ字型的包廂用餐區等規劃，使書房、客廳、餐廳與吧檯渾然一體。加大公領域坪數。

規劃策略

材
質

保留復古紅磚、木橫樑，牆面、樑柱輔以硬度較高的水泥材質，呈現熱鬧的鄉村風格。

工
法

量體或牆面，皆採低水平設計或保有透空間隙，確保光源不被阻隔。

尺
寸

保有書房壁面的大尺度留白，成為主人的藝術展示牆。

運用畸零120公分高度，衍生遊樂場與獨處角落

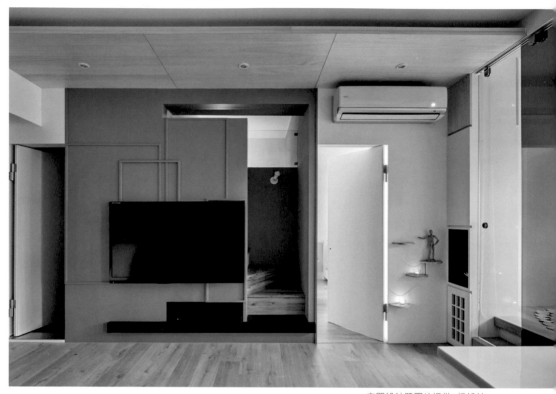

空間設計暨圖片提供_構設計

僅僅15坪的空間，除了得滿足小夫妻基本生活起居，偶爾父母拜訪，也要有暫時居住之處，更少不了未來家中添小Baby的需要。設計師將原有格局打破，客房退縮讓出自然光，卻仍保留原功能性，關上玻璃門、拉下窗簾，便擁有一間獨立客房；電視牆後方正好是主臥更衣室，上方畸零空間在經過設計後，成為家中一個人的安靜角落，也可以是孩子們的遊樂場。

平面計畫

偷取主臥上端空間，
「憑空」再變出一個小
房間。

規劃策略

尺 | 310公分高的屋型，上方臥鋪足足有120
寸 | 公分，絲毫沒有任何侷促感。

工 | 一牆兩面式的設計，在
法 | 客廳中是電視牆，側面
　 | 拾級而上創造出另一小
　 | 空間。

材 | 為爭取更多收納，電視
質 | 牆側以梧桐木皮打造
　 | 旋轉式階梯，每一踏階
　 | 暗藏抽屜櫃。

廚房設備藏於樓梯下，
爭取最大使用面積

空間設計暨圖片提供_KC design studio 均漢設計

50 年的窄小老屋，設計師以「最大光源」作為主訴求，移除部分天花板，改以強化玻璃打造貫穿的天井，讓日光得以滲透三個樓層，每層樓在沒有隔間的設定之下，讓機能收納全部靠邊，以換取最大使用坪數，像是將一樓的客餐廳與廚房，即將廚房設備藏於樓梯之下，而餐桌置則置於天井正下方，讓狹小平面既可保有空間感與明亮度，也無礙生活機能。

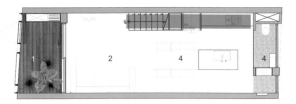

建物周邊無遼闊窗景，改以「向上」、「向內」當作空間感發展方向，並減少隔間，打破既定廳房概念。

規劃策略

工法　空間往垂直向度發展，樑與補強結構不刻意修飾或包覆，並以天井連貫光線與挑高感。

材質　壁面以水泥粉光鋪陳，搭配不鏽鋼、實木、玻璃等材料，呈現乾淨俐落的中性灰階。

尺寸　斟酌坪數最大利用值，在寬度僅3.7米的條件下，將櫃體靠齊牆線，爭取最大使用面積。

漂浮樓梯內嵌餐桌，暗藏收納機能

空間設計暨圖片提供_新澄設計

擁有特殊複合式樓層的透天別墅，將舊有的水泥樓梯換成懸空設計，以白色系大理石搭配清玻帷幕，令體積龐大的笨重量體瞬間輕盈減壓，成為串聯空間的美麗裝飾。設計師更在踏階中穿插實木長桌，賦予地坪材質的視覺變化，而 L型桌除了當作用餐、書桌使用外，轉角處檯面上下都能作簡單的展示收納功能，充分利用梯下坪效。

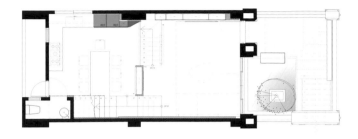

平面計畫

解決樓層分割特殊、動線不良問題，調整樓梯踏數與材質，同時透過貫穿複合樓層的深灰立面隔屏，達到串連視線效果。

規劃策略

尺寸｜原木餐桌長2米4，內嵌於樓梯踏階當中，令光滑冰冷的大理石地坪多了幾分自然、溫度，豐富複合樓層整體視感。

工法｜樓梯一端內嵌牆壁，其主要承受力在外側端，透過夾具固定於玻璃帷幕上，達到可供踩踏的安全標準。

材質｜選擇大理石、玻璃帷幕與不鏽鋼五金，打造輕盈漂浮面貌。

樓梯整合廚房 烹飪、收納都堪用

空間設計暨圖片提供_KC design studio 均漢設計

15坪夾層空間,設計師洞察空間優點、再加以利用,替居家製造更多意料之外的可用面積,像是將玲瓏小巧的開放式廚房藏於階梯下方,透過墨黑色的石材打造流理檯面,包含烹飪區和收納,所有機能一應俱全,並將玄關及客廳予以銜接,廚房後方則採用通透隔間引渡光源,相當具有巧思,完美發揮小坪數的大坪效

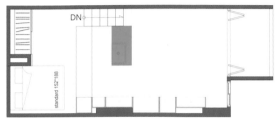

入口左為洗手間，將衛浴廚房管線集中，保有廳室方正感，並加做二樓夾層，分屬明確的公私領域範圍。

規劃策略

工法　黑色檯面和樓梯連成一體，花磚則從地板串聯牆面，顛覆材料的刻板位置，重新定義空間。

尺寸　承襲樓高優勢，加開二樓睡眠區，並選用低矮床具保有天花高度，兼顧私領域機能。

材質　廚房檯面選用亮澤感石材，搭配水泥牆、花磚，傢飾等混搭，呈現活潑的Loft風韻。

KC design studio 均漢設計

牆櫃內嵌電腦桌取代書房

空間設計暨圖片提供_耀昀創意設計

屋主為都會單身女性，設計師首先在規劃空間時選定以黑白色彩作為主軸，營造出都會感。另一方面，在私房臥室中為了打造走入式更衣間，必須在其它空間運用上更加精算，因此，將床邊狹窄不好使用的畸零區塊仔細規劃出電腦書桌以取代書房，同時上下方均有收納設計，提昇不少空間效能。

主臥房規劃專屬更衣間，並運用拉門設計，帶來開闊視野。

規劃策略

尺寸 二個分別為45、35公分寬的桌面，更加便利擺放電腦螢幕。

材質 牆面採用大理石紋的鋪面搭配石材桌面，小空間也很精緻。

工法 L型轉折設計讓桌面更長、更好用，同時右側桌面恰可擺放滑鼠。

斜向電視牆，修整畸零格局，創造收納與放大視感

空間設計暨圖片提供_耀昀創意設計

住小房子就不能享受看大電視的樂趣嗎？為了解決屋主心中的痛，設計師絞盡腦汁從格局來解決問題。考量原本客廳空間小、沒有足夠的電視收視距離，加上格局不方正，因此，乾脆把電視牆拉到最遠端以斜向角度重新打造牆面，並將沙發配合斜牆角度擺放，讓原本不及三米深的客廳得以放大1.5倍以上，收視距離與客廳格局也跟著放大。

平面計畫

捨棄原本過小且不方正的客廳制式格局,將包含畸零區與動線納入客廳區,重新思考空間使用方案。

規劃策略

工法 將玄關的收納區與電視牆結合設計,讓電視牆的側面與後方能作為玄關櫃與收納區使用。

材質 白色系為主軸,搭配淺色木皮,架構舒適氛圍。

尺寸 改造後電視牆與沙發的距離約480公分,讓客廳放大不少。

13
賺 **2** 坪
Case study

無用窗邊區化身臥榻、遊戲與收納

空間設計暨圖片提供_耀昀創意設計

透過格局的改造，將客廳向外延伸規劃出休閒臥榻，同時將電視牆旁邊寬達65公分的大柱體重新利用，改以層板裝飾壁面，不僅可擺設照片、旅遊紀念品，也成為美麗端景。而可提供聊天、小憩及客廳座位區的臥榻下方也增設了抽屜櫃，讓原本無用的窗邊區變成超好用的收納聖地。

平面計畫

將窗邊改造為臥榻區，除了可增加內部使用空間，也成功將戶外的自然光引進室內。

規劃策略

材質｜以木皮與鵝黃漆牆在窗邊另闢休憩區，讓美式鄉村風格的居家更添風情。

工法｜利用建築外窗的窗型設計置物平台，可以在此養花植草，增加生活情趣。

尺寸｜長、寬、高達320 x 140 x 45公分的休閒臥榻相當寬敞，也可做為孩子遊戲區，並提供不小的收納量。

設 計 師
D A T A

LCGA 禾睿設計
台北市松山區民生東路三段110巷14號1樓
02-2547- 3110
lcga.net/

FUGE 馥閣設計
台北市大安區仁愛路三段26-3號7樓
02-2325-5019
https://fuge.tw/

IS國際設計
台北市民生東路5段274號1樓
02-2767-4000

iA荃巨設計
台北市忠孝東路四段205巷29弄1號2樓
02-8771-3555
iadesign.com.tw/

PSW建築設計研究室
台北市大安區安和路一段127巷6號2樓2F
02-2700-9969

Studio In2 深活生活設計
台北市忠孝東路二段134巷24-3號3樓
02-2393-0771
www.studioin2.com/

Sim-Plex 設計工作室
www.sim-plex-design.com
+852 9862 2558

一它設計
苗栗縣苗栗市勝利里13鄰楊屋20-1號
03-733-3294
itdesign0510@gmail.com

工一設計
台北市中山區北安路458巷47弄17號1樓
02-8509-1036
oneworkdesign.com.tw

天涵設計
台北市大安區仁愛路四段376號6樓之9
02-2754-0100
skydesign101.com

力口建築
台北市大安區復興南路二段197號3樓
02-2705-9983
www.sapl.com.tw/

甘納空間設計
台北市內湖區新明路298巷12號3樓
02-2795-2733
ganna-design.com/

禾光室內裝修設計
台北市信義區松信路216號
02-2745-5186
www.herguang.com/

合砌設計
台北市松山區塔悠路292號3樓
02-2756-6908

福研設計
台北市大安區安和路二段63號4樓
02-2703-0303
happystudio.com.tw/

蟲點子創意設計
台北市文山區汀州路四段130號
02-8935-2755

爾聲設計
台北市中山區長安東路二段77號2樓
02-2358-2115
info@archlin.com

懷特設計
台北市信義區虎林街120巷167弄3號
02-2749-1755
www.white-interior.com/

耀昀創意設計
台北市萬華區莒光路231號
02-2304-2126

樂創設計
台中市沙鹿區中清路八段300號
04-2623-4567

新澄設計
台中市龍井區藝術南街42號一樓
04-2652-7900
www.newrxid.com/

路裏設計
台北市福壽街44號
02-2831-4115

構設計
新北市新店區中央路179-1號1F
02-8913-7522
madegodesign@gmail.com

均漢設計
台北市中山區農安街77巷1弄44號1樓
02-2599-1377
www.kcstudio.com.tw

謐空間
台北市延壽街402巷2弄10號1F
02-2753-5889

奇逸空間設計
台北市大安區信義路三段150號8樓之1
02-2755-7255
www.free-interior.com/

好室設計
高雄市左營區民族一路1182號
07- 310-2117
www.haodesign.tw

摩登雅舍室內設計
台北市忠順街二段85巷29號15樓
02-2234-7886
www.modern888.com

Solution 110

1坪變2坪！坪效升級設計聖經

集結最強設計達人私房秘技，絕不浪費空間的極致裝修術

作者	漂亮家居編輯部
責任編輯	許嘉芬
封面&版型設計	瑞比特設計工作室
美術設計	莊佳芳
採訪編輯	鄭雅分、蔡竺玲、黃婉貞、施文珍、李亞陵、 李寶怡、詹雅婷Mimy、張麗寶、許嘉芬
行銷	呂睿穎
發行人	何飛鵬
總經理	李淑霞
社長	林孟葦
總編輯	張麗寶
副總編	楊宜倩
叢書主編	許嘉芬

國家圖書館出版品預行編目(CIP)資料

1坪變2坪！坪效升級設計聖經：集結最強設計達人私房
秘技，絕不浪費空間的極致裝修術 / 漂亮家居編輯部作
. -- 初版. -- 臺北市：麥浩斯出版：家庭傳媒城邦分公司
發行, 2018.07

　　面；　公分. -- (Solution ; 110)

ISBN 978-986-408-397-8(平裝)

1.家庭佈置 2.空間設計 3.室內設計

422.5   107010497

出版	城邦文化事業股份有限公司麥浩斯出版
地址	104台北市中山區民生東路二段141號8樓
電話	02-2500-7578
E-mail	cs@myhomelife.com.tw
發行	英屬蓋曼群島商家庭傳媒股份有限公司城邦分公司
地址	104台北市民生東路二段141號2樓
讀者服務專線	0800-020-299 （週一至週五AM09:30～12:00；PM01:30～PM05:00）
讀者服務傳真	02-2517-0999
E-mail	service@cite.com.tw
劃撥帳號	1983-3516
劃撥戶名	英屬蓋曼群島商家庭傳媒股份有限公司城邦分公司
香港發行	城邦(香港)出版集團有限公司
地址	香港灣仔駱克道193號東超商業中心1樓
電話	852-2508-6231
傳真	852-2578-9337
馬新發行	城邦(馬新)出版集團 Cite (M) Sdn Bhd
地址	41, Jalan Radin Anum, Bandar Baru Sri Petaling, 57000 Kuala Lumpur, Malaysia.
電話	603-9057-8822
傳真	603-9057-6622
總經銷	聯合發行股份有限公司
電話	02-2917-8022
傳真	02-2915-6275
製版印刷	凱林彩印股份有限公司
版次	2018年7月初版一刷
定價	新台幣399元整

Printed in Taiwan